名家推荐

（按姓氏拼音排序）

浦洛基作品集最大的特点，是历史与现实的紧密结合。作者并没有局限于对历史出神入化的描述，而“总是试图回到我出发的地方，带回一些身边的人还不知道的有用的东西，帮助读者理解现在，并更有信心地展望未来”。作为哈佛大学的教授，作者并没有满足于象牙塔中的研究，而是对现实世界满怀悲悯之心，在每一部著作中对过往刮骨疗伤，剖析原因，总结教训，警示未来。

白建才

陕西师范大学历史文化学院二级教授、美国历史与文化研究中心主任

中国连续 40 多年的经济高速发展，让中国在世界上拥有了比之前重要得多的地位，但中国的崛起，能不能同时实现中国人期待的，即对世界有更多建设性助益，赢得更为广泛的欢迎、尊敬与友谊，很大程度上决定于我们对世界认知的广度、深度与准确度。

在这一意义上，浦洛基作品集的出版无疑是及时、有高度意义之举。无论是他对在当今世界具有多方面重要地位的俄罗斯、乌克兰极具功力与深度的研究，还是他从灾难事件角度所做的对人民福祉有举足轻重影响的核问题的极扎实又极具启发性的研究，以及他对今天仍在很大程度上有力塑造世界的冷战的细腻而又极具说服力的研究，都对我们准

确、深刻地理解现今中国处身的这个当下世界极为重要。当然也就为崛起的中国、渴望也开始有能力为世界做出建设性贡献的中国，要真的准确扎根世界现实进行真有长期建设性效益的言说与行动，提供着非常有意义的认知积累。

愿这样既有重要知识积累意义又有当下迫切现实意义的出版，多些，再多些！

贺照田

中国社会科学院文学研究所研究员

西南大学中国乡村建设学院特邀研究员

浙江大学人文高等研究院驻访学者

当今时代，国际核安全环境变化导致人类面临的核安全困境有所加剧。核安全问题具有全球性、挑战性和持久性等特点，给人类生存和发展带来了极大负面影响。在此时代背景下，浦洛基作品集借鉴了新的史料，以历史叙事的方式，从历史事件相关政府官员、普通参与者以及民众的全新视角，结合政治、社会、文化背景，以微见著，重新审视了切尔诺贝利与古巴导弹危机等对人类生存构成重大影响的核安全问题，研究了意识形态、政治、文化等因素及其影响，同时探讨了不同社会政治制度、文化和世界观之间的交锋。浦洛基作品集的出版具有重大现实意义，有利于国际社会批判性地审视和反思核安全事故的历史经验教训，未雨绸缪，从而防止核安全领域悲剧事件的重演。

姜振飞

浙江大学美国研究中心副教授

好的历史学家需要像心思缜密的侦探，不放过任何与案件有关的蛛丝马迹，不被表面假象所迷惑和误导，透过事件纷繁复杂的重重迷雾，找到关键线索和证据，通过严密的逻辑推理，最终揭开事件的真相或力求无限接近真相。好的历史学家还需要是一位出色的语言学家，对文字有很强的驾驭能力，语言生动流畅，严谨但不晦涩，能够把纷乱复杂的事件抽茧剥丝娓娓道来，让读者看得明白看得着迷。毫无疑问，浦洛基教授就是这样一位好的历史学家，面对宏大的历史背景和重大的历史事件，他善于从积案盈箱的历史档案之中发现重要的细微之处，并挖掘出关键线索，如实还原并生动地向读者展现纷繁复杂和惊心动魄的历史过往。浦洛基的这套作品集值得中国读者认真阅读和收藏。

李秀蛟
黑龙江大学乌克兰研究中心副主任、副研究员

作为一位历史学家，浦洛基是讲故事的高手。他不但能找到珍贵的资料和档案，更懂得如何把材料组织得引人入胜。面对宏大的历史事件，浦洛基的笔往往对准其中的普通人，在人类命运的关键历史转折点，展示他们最真实的反应，比如核电站里按下按钮的操作员、古巴导弹危机中搞错情报的特工、空军基地里发生矛盾的美苏大兵等。浦洛基用他的作品，不断地提醒着我们，理解历史，不要忘了回到现场。

罗振宇
得到创始人

我们生活在核时代。和平与安全飘忽不定，战争与灾难如影随形。当一切被包装在技术外观之下时，就连丑恶和愚蠢也可以系上领带，招摇过市。或许我们无力改变世界的疯狂，无力阻止人类的贪婪，但是我们却不能以此为由容忍自己的蒙昧。我们能够做的，或许仅仅是从驳杂的信息中寻找真相，在矛盾着的真相中提炼事实，从而尽量避免与疯狂和丑恶同谋。

浦洛基作品集为我们提供了这样的可能性。这套充满细节的读本为我们打开了寻找真相、提炼事实的大门，它告诉我们，冷眼旁观并非

总是意味着犬儒，拒绝遗忘也是人类的责任。

孙　歌
中国社会科学院文学研究所研究员、北京第二外国语学院特聘教授

浦洛基教授在国际学界声望很高，著述甚丰。他这五本著作视野广阔，有引人入胜的历史细节描述，也有厚重的思想文化铺垫，可以帮助我们了解今日乌克兰危机的来龙去脉。特别值得称道的是，书中的观点相对客观平衡，提供了有关苏联、俄罗斯、乌克兰的西方其他著作往往忽略的视角。

王缉思
北京大学国际关系学院教授

沙希利·浦洛基教授的系列历史著作，使用了十分丰富的一手档案文献，属于很严谨、有深度的学术作品，文字表达简洁明了、通俗易懂，易于为一般读者所接受。浦洛基教授的多部著作都涉及核问题，在他看来，“服务于和平的原子能”与“服务于战争的原子能”本质相通、一脉相承，它们都可能给人类带来灾难。这一点特别值得当今的人们深思。

张小明
北京大学国际关系学院教授

浦洛基致力于以扎实深入的研究还原历史真相。他的作品语言平和，史实叙述娓娓道来，细节丰富，适读性很强，同时又透着历史学家的严谨、冷静、理性和睿智。正因为如此，他的很多作品不仅在西方国家、包括乌克兰在内的东欧国家受到好评，也得到了俄罗斯的认可，是深入了解俄罗斯、乌克兰以及苏联东欧历史和现实重要的参考书。

赵会荣
中国社会科学院俄罗斯东欧中亚研究所乌克兰室主任

· · ·

《切尔诺贝利：一部悲剧史》在解密档案文献和大量目击者的访谈资料基础之上，以全新的视角详尽地描述了切尔诺贝利事件的始末，除探究事件的原因和过程外，还对其深远影响进行了分析。该书除阐释了事件爆发前后领导人的诸多举措，还对被卷入灾难的各类人群的行动和状况进行了分析，帮助读者厘清了切尔诺贝利事件的脉络，并大致认清了其影响。作者用诙谐幽默和通俗易懂的语言向读者展示了影响世界历史进程的这一重大事件，可读性较强，很多内容值得深思，其实践意义更是不容忽视。核事故对人类和自然界的影响尤为突出，其危害需数代人的努力才能修复，这已不单纯是某一国家的问题，而是一个迫在眉睫的国际问题，更需要全世界人民的共同努力才能解决。

邓沛勇

贵州师范大学历史与政治学院副教授

在众多有关切尔诺贝利核灾难的著作中，浦洛基的著作独树一帜，被广泛认为是对切尔诺贝利核灾难最全面、最深入的研究著作之一。作为历史学家和东欧史专家，浦洛基将他的专业知识带入了这一主题，为读者提供了这场灾难发生前、发生期间和发生后场景的深刻见解。它不仅仅是对灾难的叙述，还深入探讨了灾难的大背景、原因、后果，以及政治、技术、环境和人文层面。公允地讲，美苏冷战的紧张局势、苏联的能源目标及其特有的集中规划和保密文化、反应堆的固有设计缺陷，以及技术故障和人为失误，都对这场核灾难的出现产生了影响。

方在庆

中国科学院自然科学史研究所研究员

《切尔诺贝利：一部悲剧史》基于大量的解密档案和当事人的回忆，较为全面地还原了事故发生的细节，处置事故的过程，苏联政府、民众、媒体和社会团体应对危机的反应，国际社会对事故的反应以及苏联与国际社会围绕着危机处置的互动，因而该书不仅仅是一部实证研究的专著，更是提出了一系列值得人类共同去思考和记忆的问题，引人深思。

郭响宏

陕西师范大学历史文化学院副教授、国家民委环黑海研究中心副主任

沙利希·浦洛基生于俄罗斯，成长于乌克兰，现为哈佛大学教授，这就意味着，他是一个有能力使用俄语文献的西方作者。他也充分利用了自己的这个优势，在《切尔诺贝利：一部悲剧史》一书中引述了许多当时苏联的相关史料。仅这一点，就有可能使他这本著作获得优胜之处：和一般西方学者相比，他有文献方面的优势；和苏联/俄罗斯学者相比，他又有话语权方面的优势。

江晓原

上海交通大学讲席教授、科学史与科学文化研究院首任院长

作为一部核事故悲剧史，《切尔诺贝利：一部悲剧史》的写作意图及落脚点并没有局限于事件本身，而是将这起事故置于人类利用核能的大图景中进行审视，对人类利用核能进行警示。事实上，这本书也是浦洛基教授诸多讨论核灾难的著述之一，由此可见作者的全球视野及其深远立意。

刘合波

天津师范大学欧洲文明研究院教授

作为一部历史著述，《切尔诺贝利：一部悲剧史》打破了传统历史书写模式，将历史真实置于文学性叙事框架之内，可读性强的文字使其具有了比传统的历史书写更为强烈的代入感，给读者以更为大众化的读史体验。借助相应的历史档案文献，该书不仅描述了切尔诺贝利核事故发生的整个过程及前因后果，还描述了事故相关人员的生活、命运乃至感情。

刘玉宝

东北师范大学外国语学院俄语系教授

中国俄罗斯文学研究会理事

吉林省翻译协会理事

浦洛基不愧是历史学大家，不仅著作等身、广受好评，还斩获多项大奖。其对切尔诺贝利事故的描述也可谓厚积薄发，如数家珍，娓娓道来；同时，考察译者的资历并对照英文原著，可以发现该译本在信达雅方面达到了很不错的水平。所以单就还原和了解本来的历史来说，该书无疑值得一读。当然，正如黑格尔历史悖论所示：一方面，太阳底下无新事，另一方面，因为每个具体时代，人们会发现自身的处境如此特殊而从来不会从历史中汲取教训，这就为读者如何批判性读史并做到以史为鉴提出了更高的要求。有心的读者不妨多多参考借鉴中国古人丰富的解蔽洞见，从而更好把握太史公所言的“究天人之际，通古今之变”的历史智慧。

彭成义

中国社会科学院大学政府管理学院副教授

中国社会科学院世界经济与政治研究所 / 国家全球战略智库副研究员

浦洛基教授用极为细腻的文笔描述了不同人物在核事故中所扮演的不同角色，以及他们面对事故时的不同反应与举措。这种叙事手法虽然会导致对某些具体内容的阐述略显重复、累赘，却能够从各个层面、各个角度还原这段历史，而且能够让读者深入体会不同角色在不同立场对核事故的不同反应，从而了解人性的复杂。

邵　笑

暨南大学历史学系副教授

浦洛基教授以其出色的研究，帮我们还原了这段历史。关于 1986 年 4 月 26 日夜及其后续发生的真实情况，正如我们在这本书后半段所看到的，本来很可能是一种罗生门般的复杂叙事，让读者永远难以接近真相。但是浦洛基在这本书里却能像穿越时空隧道一般，把我们带回那个重大事件的关键时刻，仿佛能够身临其境看到现场的真实画面。

谢来辉

中国社会科学院亚太与全球战略院副研究员

伴随我国成长为核大国，《切尔诺贝利：一部悲剧史》一书可以引起我国对于核问题的再度重视。同时，该书背后揭示的苏联晚期衰亡路径，以及乌克兰民族主义和东欧生态民族主义、生态激进主义之兴起对于分裂统一多民族国家的深刻历史教训，亦值得中国国民和决策层重视。

忻　怿

陕西师范大学历史文化学院、环黑海研究中心副教授

浦洛基秉持恢复信史的理念，在《切尔诺贝利：一部悲剧史》的写作中，将历史叙事建立在扎实可靠的史料基础之上，不仅利用了大量珍贵的政府档案，还收集并整理了大量当事人的采访录，这使本书既具备了政府整体决策、统筹与综合治理的宏观视角，也兼有来自不同阶层人物的多个维度的微观视角。这种将传统史料与非传统史料相结合的文献分析方法，在很大程度上弥补了传统史料无法见证普通人

活动的历史空白，也避免了专题微观叙事中只见小而不见大的碎片化倾向，确保了该书既能保持历史叙述的整体性和完整性，也能实现具体史实的个案式展现。

许海云

中国人民大学历史学院教授

苏联—乌克兰—加拿大—美国历史学家，这是沙希利·浦洛基身上的特殊标签。1986 年 29 岁的浦洛基正在基辅大学苦读历史学博士学位，撰写的学位论文《16 世纪下半期至 17 世纪中期天主教会在乌克兰的政策》，绝对是一个学究式的古典题目。但切尔诺贝利的那一声巨响，在他的人生历程和学术生涯中留下了深刻和厚重的烙印，使得他在远离故土、游学北美、扬名立万之后，仍然难以忘怀此拳拳心结。于是，他笔下的切尔诺贝利，不仅有历史学家的缜密思考，还有事件亲历者的切身感受，使得此书在研究和纪念切尔诺贝利事件的众多著作中脱颖而出，获得 2018 年英国贝利·吉福德非虚构文学奖和 2019 年普希金之家俄罗斯图书奖。

张建华

北京师范大学俄国史教授、中国苏联东欧史学会副会长

浦洛基教授的《切尔诺贝利：一部悲剧史》为我们展示了一个跨越政府、科研机构、当地居民及全球关注者的广泛画面。浦洛基教授用朴实的语言和冷静的情绪描述了事件的全貌，更多地展现了人与人之间的关系网、政府与公众的信任危机，以及科技发展与自然环境的和谐问题。对于那些想要从更深层次理解切尔诺贝利事件，了解其背后更为复杂的人文、社会和政治因素的读者来说，这本书提供了一个宝贵的视角。而对核能从业者来说，本书可能会成为核安全研究和教育的重要参考资

料，为我国和人类核能产业的发展提供重要的反思与改进依据。

张　乾
浙江大学物理学院研究员

本书带给读者感性体验和理性认知的双重收获。……作者将核电站管理者、操作员、核工程师、供应商，还有记者、消防员、医护人员、负责制定处理方案的莫斯科官员、负责善后的基辅官员、后续应召前往核电站周边除污的军人，以及被迫撤离的居民等 400 余人在灾难前后的心路历程、危急时刻的选择与担当，甚至是家庭生活和私人情感都刻画得淋漓尽致。同时，又把操作人员日常工作时安全意识的淡薄、科学家对石墨反应堆的盲目自信、管理层对发电量的盲目追求和国家领导人对核安全问题的忽视，以及核大国权力高度集中等弊端渗透到每个历史细节。

张文华
曲阜师范大学历史文化学院副教授

该书较已有研究的一个创新之处在于，浦洛基着重论述了冷战末期及后冷战时代乌克兰方面对该事件的反应，有别于传统考察该事件影响时将着眼点聚焦于苏共中央的是，浦洛基选择将其考察视角适当下移，重点介绍了乌克兰作家等群体的表现。

赵继珂
华东师范大学社会主义历史与文献研究院、历史学系副教授

浦洛基教授的这部著作非常引人入胜。其最大特点，就是将学术性和可读性完美地结合在一起。首先，这部著作利用了大量一手文献：当时苏联和欧美国家的报纸、杂志、电台等媒体报道，乌克兰中央和地

方档案馆、国家安全局档案馆的解密档案，21 世纪初出版的有关切尔诺贝利事件的解密档案集，甚至“油管”“脸书”等网络视频和文字资料。这就使这部著作的立论建立在令人信服的坚实的史料基础之上。这部著作的可读性表现在，浦洛基是一位不动声色地讲述故事和描述人物心理的大师，他用平静、客观之笔娓娓道来，将这一涉及千头万绪的惊心动魄的事件徐徐铺陈于读者面前，不徐不疾的笔触之下，暗藏的是作者对那些人物和事件或褒或贬的态度。

赵旭黎
陕西师范大学历史文化学院副教授

核能并不绝对安全——自核能民用以来，世界范围内大小事故接连不断。但无可否认的是，这些事故绝大多数都无法与切尔诺贝利灾难相比。为什么偏偏是苏联？为什么切尔诺贝利会从小事故变成大灾难？浦洛基揭示了一连串具有社会学意义的条件和机制。

周陆洋
浙江大学社会学系副教授

（按姓氏拼音排序）

“苏联的事故”，还是“核能的事故”？

陈　波

华东师范大学历史学系 / 社会主义历史与文献研究院教授

张菊萍

华东师范大学历史学系 / 社会主义历史与文献研究院助理研究员

近日，日本东京电力公司将福岛第一核电站的核污染水排入海洋，这一举措引发了关于核安全的热议。1986 年发生在苏联乌克兰的切尔诺贝利核电站事故，也在公众视野中被频繁提及。哈佛大学乌克兰史教授沙希利・浦洛基的《切尔诺贝利：一部悲剧史》（下文简称《切尔诺贝利》）便是有关切尔诺贝利事故的权威史学著述。该书从切尔诺贝利核电站的诞生讲起，详细考察了事故发生的来因去果，并追踪至 21 世纪事故核电站新石棺的落成。此书于 2018 年一经出版，便获得当年英国顶级的非虚构文学奖——贝利・吉福德奖。

通过对学术史的了解，我们可以更好地理解此书在史学界的地位。自该起事故发生以来，物理学家、生态学家和医生们所作著述汗牛充栋，史学界的研究只能说是后来居上。早期的西方著述常常落脚于事故所反映出的苏联体制缺陷及西方社会的优越性。而苏联的相关学术史，则不得不穿插在苏联国力式微、乌克兰独立与苏联最终解体的历史洪流中（该书第十八章亦有所提及）。苏联早期相关的史学著述为意识形态和政治因素所限，往往聚焦于普通事故清理者们的英勇气概。随着戈尔巴乔夫不断深入推行“公开性”（гласность）政策，对苏联政府应对切尔诺贝利事故的争论愈加激烈，并涌现出一批以阿拉·亚罗申斯卡娅（Алла Ярошинская）为代表的作家。他们披露了事故反应堆堆型及核电站的设计与建造中的缺陷、苏联及乌克兰当地政府隐瞒事故规模并造成民众身体健康受损的行为，持强烈的批判立场，[①] 并在一定程度上加速了乌克兰脱离苏联的进程。苏联解体后，与事故相关的档案逐渐被官方解密，或为民间所披露，参与处理事故人员的回忆录也日益丰富，围绕切尔诺贝利事故出版严肃的史学著述成为可能。

浦洛基出生于苏联时期的俄罗斯，成长于乌克兰。他不仅可以利用乌克兰语、俄语、英语等语种进行相关研究，还拥有相关的文化背景和亲历者的视角。该书的史料主要来自乌克兰国家档案馆、乌克兰出版的档案集、苏联和乌克兰的报纸报道与期刊文章，以及事故亲历者的回忆录和口述材料，因此叙述具有相对明显的中下层视角，即展现了管理层、执行层以及普通百姓视角的“切尔诺贝利”。此书史料翔实、文字平静而富感染力，总是能让读者感受到作者对人性的关怀。

或许可以从切尔诺贝利学术史中一个经典的问题出发，来解读浦洛基对“切尔诺贝利”的关怀，即切尔诺贝利核事故是“苏联的事故”，还是“核能的事故”？支持前一观点的学者，例如大卫·马普尔斯（David Marples），强调苏联体制或是漏洞百出的苏联核工业导致了事故的发生及后续的负面影响；[②] 秉持后一立场的学者，例如安娜·文

① *Ярошинская А.А.*, Чернобыль. Совершенно секретно. Москва: Другие берега, 1992; *Ярошинская А.А.*, Чернобыль: 20 лет спустя. Москва: Время, 2006.

② David Marples, *Chernobyl and Nuclear Power in the USSR*, CIUS Press, 1986; David Marples, *The social impact of the Chernobyl disaster*, Springer, 1988.

德兰（Anna Wendland），认为该起事故实际上反映了“技术和社会体制的不稳定状态”，原则上可能发生于任何国家。[①]

浦洛基的这本书，在较大程度上呼应着前一种观点。在切尔诺贝利核电站的设计、建造和运营阶段，各级工作人员都面临着苏联式计划经济所施加的指标压力。政府的经济计划要求配套的能源计划，向执行者们索要的是更短的完工时间和更高的电力产能。因此，负责研发和设计核反应堆堆型的苏联科学院原子能研究所以及苏联中型机械制造部，选择了发电更为高效、成本更加低廉的石墨反应堆（РБМК 型，也是切尔诺贝利核事故中的反应堆堆型），而非更安全的水－水动力型反应堆（ВВЭР 型）；建造反应堆的管理者与施工者则出于最小限度延误工期的目的，常常采取偷工减料、粗制滥造的行为（更何况原材料的短缺也常致使建造无法按计划进行）；新任苏联能源与电气化部部长追求超额的生产任务，因此降低了核电站例行的检查和维修频率，以免核电站关闭的时间过长，耽误电力的产出。

这些隐患不止一次导致核电站出现故障，大型事故一点即爆。1986 年 4 月 25 日夜里切尔诺贝利核电站四号反应堆的涡轮机测试，就是这根导火索。消防员、工程师、士兵和科学家们，无论是对情况稍有了解或是为宣传所蒙蔽，无论是被威逼或是为利所诱，都在事故现场以极大的牺牲精神前赴后继，也在历史上留下一曲悲歌。浦洛基的文字，将读者带入了那个满目疮痍的灾后现场。我们仿佛听到事故清理者和调查者们一边竭力工作，一边无奈叹息。与此同时，官场百态也展现于纸上。受宣传影响，一些官员坚信反应堆堆芯不可能发生爆炸，从而低估了事故的规模；一些官员由于害怕做出错误尝试而担责，未得指示不敢擅自行动，耽误了灾后管理工作的推进。政策研究者爱德华·盖斯特

---

① Anna Wendland,“Return to Chernobyl.From the national tragedy to innovative approaches in historiography of not only Ukraine,”*Modern Ukraine*, No.18, 2011, pp.164-200.

（Edward Geist）也指出了这些现象，并提出苏联各机构风险评估不同结果间的矛盾，耽误了苏联政府对事故做出及时反应：一方面，苏联体制所特有的机密性和孤立性，阻碍着这些风险观念在组织内部和组织之间的交流；另一方面，切尔诺贝利事故发生之初的信息失真，加剧了苏联政府对事故反应的功能失调。[①]

由于上述诸多苏联特有的弊病，事故发生时苏联政府的迟缓反应及其他不合时宜的举措，为日后自身合法性被动摇埋下了祸根。例如，在事故发生一天多后，核电站周围居民的撤离工作才开始进行；苏联及乌克兰政府起初有意向民众隐瞒了事故及灾后辐射水平的信息；严格限制灾区同外界的通信往来；西方电台甚至先于苏联官方向苏联人民发出了做好辐射预防措施的通知；等等。与此同时，苏联决策者们顾虑的是避免民众恐慌，避免西方攻击苏联的核工业和科技水平。于是，在能源与电气化部（负责管理核电站）和中型机械制造部（负责建造反应堆）早就开始相互推诿的背景下，为保护苏联核工业和科技水平的名声，最高法院判决核电站方全责，即将事故完全归咎于涡轮机测试操作员的失误。而苏联核工业的开拓者叶菲姆·斯拉夫斯基所管理的中型机械制造部，则在事故定责中隐去了身形。更有甚者，有关事故原因的这一结论，也被苏联提交至国际原子能机构，成为向全世界宣布的事故起因（见该书第十七章）。而在这个过程中，苏联官员们并未将灾区居民们的身体健康状况放在首要位置。如此一来，对于普通居民和事故清理者而言，面对灾难无所依的无力感，很容易使他们从无神论者变成神的信徒。民心业已动摇。在戈尔巴乔夫推行“公开性”政策的旗帜下，切尔诺贝利核灾难在乌克兰孕育出一场来自下层的独立运动，并最终危及苏联政府的合法性。

---

① Edward Geist,“Political Fallout: The Failure of Emergency Management at Chernobyl,”*Slavic Review*, Vol. 74, No. 1 (Spring 2015), pp.104-126.

乌克兰独立、苏联解体后，“苏联体制”不再，切尔诺贝利核电站的际遇又如何？浦洛基继续讲述着切尔诺贝利“劫后重生”的离奇命运。被人民选举出来的乌克兰新政府，并未下令关闭核电站，反而出于经济考量，意欲继续利用它发电。如同放弃核武器换取美国的巨额贷款，乌克兰政府亦将切尔诺贝利核电站作为筹码，同西方展开了经济援助的谈判。浦洛基敏锐地指出，这不仅是“核勒索”，更是一国“追求经济发展与世界安全的冲突”[①]。不过，这又何尝不是苏联当年因经济计划指标而不得不面对的冲突之一呢？

为了回应那些对苏联政府在切尔诺贝利事故中的反应是否“独特”的疑问，浦洛基于2022年出版了新作《原子与灰烬：核灾难的历史》。他在书中分析了六起重大核事故的来龙去脉。尽管每起核事故的起因不尽相同，但浦洛基注意到各国政府处理核事故时一些共有的模式。例如，冷战双方和早期核军备竞赛的参与国，为了实现国际或国内目标，都准备冒险使用未经测试的核技术；不同国家的政府在处理事故后果相关信息时，起初都会本能地隐瞒、压制和扭曲信息。然而，浦洛基也明确指出，即使不同国家发生核事故的原因存在某种程度的共性，苏联核事故的起因仍有其“特别”之处。例如，仅有苏联的管理人员和工程师为实现越来越高的生产配额目标，会有意违反安全规定，政府也会睁一只眼闭一只眼；也只有苏联的媒体在报道事故信息时，扮演了截然不同的角色。

浦洛基以福岛核电站为例，指出核事故仍会继续发生。换言之，他在一定程度上同意，切尔诺贝利事故自有其“核”事故的一面，并呼吁，无论核事故因何而起，保持发展核项目的国家之间紧密的国际合作，才是人们应当从切尔诺贝利中应吸取的教训。

---

① 《切尔诺贝利：一部悲剧史》，第380页。

浦洛基的《切尔诺贝利》为读者展开一幅有关切尔诺贝利前世今生的百态绘卷，是了解这起核事故以及苏联末期社会生活的最佳读物之一。不过这幅绘卷仍有待绘制之处。该书相对明显的中下层视角，突出来自下层的独立运动不可小觑，不过也弱化了苏联高层的相关活动。苏共中央政治局切尔诺贝利核电站事故工作组，事实上是政府事故处理最高委员会的顶头上司，负责协调所有相关部门之间的工作。1986 年 5 月初，"公开性"政策的奠基人雅科夫列夫（А. Н. Яковлев）作为事故信息发布的负责人，加入政治局工作组。[①] 围绕事故信息的发布政策，苏共领导层内部的政治斗争本就暗流汹涌。雅科夫列夫的加入，意味着戈尔巴乔夫早先提出的"公开性"和"新思维"（новое мышление），抓住了得以进一步推行的机会。这对于日后的苏联而言，亦是一场不容忽视的来自上层的变革。

① *Воротников В.И.* А было это так… Из дневника члена политбюро ЦК КПСС (Издание второе, дополненное). Москва: Книга и бизнес, 2003, с.115-116.

阅读《切尔诺贝利》一书的几点感想

关贵海
北京大学国际战略研究院执行副院长
北京大学当代俄罗斯研究中心主任

苏联解体之初，我在俄罗斯留学，身边有不少来自乌克兰和白俄罗斯的同学，他们讲述的与切尔诺贝利周边地区核污染有关的情形（包括动植物的骇人征候变化），曾经让我瞠目结舌，以至于在莫斯科市区地铁站出口摆摊叫卖鲜牛肉和奶渣的乌克兰籍妇女，即使占有明显的价格优势，却让我不敢靠近。我所在大学的留学生办公室，有一位对我非常和蔼的女职员，不止一次非常自豪地对我讲述，她的丈夫是苏军的一位退役将军，很爱她，所以开车接送她上下班，但不幸的是，他也是核泄漏的受害者，按该书的说法，是一位"事故清理人"。结束在俄学业前夕，我还陪同一位国内企业家到访过一家位于白俄罗斯南部靠近乌克兰边界的特种企业，也隐约感受到该区域的某些奇特自然和人文现象。这些情节，看上去与该书好像无关，但却是我阅读体验的真实底色，也符合该书作者的写作目标——每个人都被记录。

作为自身学术生涯起步于研究苏联政治经济体制变迁、戈尔巴乔夫改革的中国学者，我鲜有机会读到如此鲜活、动感、真实，既全景又入微地再现苏联历史事件的著作，也不由自主地慨叹该书作者在写作过程中付出的难以估量的体能、时间和面临的心理压力。作为学术同行，我真心为作者喝彩。

当然，更让读者肃然起敬的是书中被描绘得栩栩如生的芸芸众生。从当时的苏联最高领导人戈尔巴乔夫到库尔恰托夫研究所的某些所领导，再到核电站站长和消防员三兄弟，书中所有人，都是特定时代、观念、思维和行为方式、制度逻辑和表达路径的载体，每个人的言行都早已被模式化（机械化），却又被作者用细腻的笔触赋予了浓烈的个体生命气息。用作者的话说，在切尔诺贝利，展现的是无处不在的英雄主义、集体主义和自我牺牲精神；反观之，每个人同时又都是特定的权力体制、社会架构和危机管理模式的殉难者。读到这样的情节，让人憋闷得透不过气来，想哭，又哭不出来。

作为历史学家，作者显然致力于揭示苏联在这一核灾难发生和应对过程中浮现出来的深层次问题，包括苏共中央高层与加盟共和国当局，军工技术部门与电力经济系统、核电站从业人员及其他利益和行业群体之间的既统一又对抗的复杂关系。换言之，切尔诺贝利核事故，在作者看来，是一次意外的技术事故，更是在体制、思维惯性与陋习下由偶然的人为因素共同作用导致的一系列必然的空前灾难。

毋庸置疑，作者力图揭示的图景是，在苏联超级大国地位不可撼动的表面认知背后，军工体系主导的科技（包括核电工业的设备和管理方法）存在的短板，媒体人和特定核电技术安全性、核可靠性怀疑者的声音，常常被刚性的（本位主义的）保密制度和报喜不报忧的惯常做法掩盖，进而错过亡羊补牢的契机等真人真事。这些因素相互作用，深刻影响了核事故的引发、应急处置和难以估量的悲剧性后果，这是非常值得深入研究的苏联历史课题，就当今世界人类生存的安全环境而言，也不乏其迫切性和必要性。

在充分肯定作者细致入微的叙事和鞭辟入里的分析的前提下，也有必要指出若干值得商榷的论点和表述。作者特别强调苏联解体时俄乌分家跟切尔诺贝利核事故之间的重要关联性，这一点不具备足够说服力。众所周知，该事故反映的核心问题是中央与地方、军事技术部门与电力部门之间的本位主义、主导权和利益竞争下的博弈关系，而不是民族关系意义上的俄乌对立问题。更何况，作者着意刻画的核电站站长是在中亚出生的俄罗斯人，时任苏联政府总理的雷日科夫和其他被作者反复提及的高官、科学权威则出自乌克兰。俄乌关系，远比一座核电站建在哪里和怎么运行复杂得多，而且，作者也详尽介绍了苏联解体以后乌克兰当局极力反对关闭切尔诺贝利核电站的立场。

最后，作为中国读者，在阅读该书时大多会产生一些题外的疑问。譬如，号称舆论和非政府组织全过程监督、民主和透明体制完善的美日当局，在发生核危机时的管控机制和实际应对方式，到底比苏联高明多少？涉及保密体制、应对事故时的安保级别设定、系统且协调一致地消除危机后果等环节，到底还有多少真相尚未披露，不然怎么会对日本政府向太平洋肆意排放核污染水的做法听之任之？

霍布森选择

何其亮

香港树仁大学历史系主任

“霍布森选择”一词出现在《切尔诺贝利：一部悲剧史》（下文简称《切》）一书中，指的是一种貌似能自由选择事实上却并无选择余地的困境。《切》用“霍布森选择”这一概念，探讨乌克兰知识分子在苏联时代的困境与选择，即“除非自己的祖国主动拥抱现代化，否则共和国没有未来，但此举也意味着要放弃自身的民族特性”[①]。虽然作者沙希利·浦洛基将“霍布森选择”的讨论限制在乌克兰知识精英拥抱苏联现代化这一命题上，但是整本《切》事实上多多少少都透露着整个人类在现代化道路上一路狂奔时面临“霍布森选择”的无奈。

《切》虽然对于 1986 年 4 月 26 日这场发生在苏联乌克兰共和国境内的切尔诺贝利核电站的事故有着详细的描述，但开篇却是瑞典一家核电站于事故发生 2 天后测出核辐射超标，这使这一事件在叙述伊始就充满悬念。从政治层面上看，从瑞典而非苏联写起，也算是春秋笔法了。因为如此这般，苏联政府对于如此重大的核灾难语焉不详、信息不透明的情形也就跃然纸上了。然而无论苏联政府如何掩盖这些信息，事实真

① 《切尔诺贝利：一部悲剧史》，第323页。

相在全球紧密相连的20世纪后期一定会暴露无遗。如此，本书将切尔诺贝利事件的真相一一揭示在读者面前。

对于这起影响全球并间接导致苏联最终解体的核事故，作者的描述相当精彩，让读者产生一种误解：《切》不是一本历史作品而是一本纪实小说。事实上，《切》确实不是一部真正意义上的历史著作。从我个人对于欧美学术规范的理解来看，本书缺乏与现有历史著作的对话，使得一些观点与分析缺乏新意。这也是几位英文书评者感到困惑的地方。然而从另一方面来说，正是由于这种学术与普及兼顾的风格，让本书拥有一种特殊的吸引力。不过作者作为哈佛大学历史学教授，历史研究的基本要素，如一手资料的引用与分析，在本书中仍然具备。正因如此，本书提供的细节才会让人信服。

美国学术界自冷战以来，对于苏联历史的研究相当成熟，该领域历史学家中不乏如作者浦洛基这样的苏联移民。他们的优点不言而喻：因为原本是苏联体制中的一员，所以对于苏联政治制度、社会状况等一切情况了然于胸，分析论证相当到位，不会有隔靴搔痒之憾。只是由于《切》的双重属性（既是历史著作又是大众读物），相对于其他纯学术著作而言，其对于苏联后期政治气候与社会生态的分析无法过于深入。即便如此，《切》仍然在叙述灾难发生的过程中加入了较多对于苏联官僚体制的讨论。总体上，作者对于苏联官僚制度的低效无能、争功诿过、文过饰非等弊端多有批评之辞。同时，作者仍不免感慨这一制度在大灾大难面前无与伦比的社会动员能力，如作者强调："尽管苏联政府没能保障好核电产业的安全，但在派遣人力进行事故善后工作上倒是做得相当出色。"[①]

读者需要了解的是，作者诟病的苏联"军事化经济模式"与让他叹

① 《切尔诺贝利：一部悲剧史》，第242页。

为观止的社会动员和组织事实上是苏联模式的一体两面。难以想象，如果不是那种全民动员的体系，苏联又如何在沙皇俄国落后的工业基础上迅速发展，在二战期间顶住貌似战无不胜的纳粹德国陆军的疯狂进攻，最后成长为全球争霸两极中的一极。在某种意义上来说，这是后发现代国家发展必由之路。再往下思考，切尔诺贝利这样的核灾难的过错真的可以仅仅推给苏联的政治经济制度以及官僚体系吗？回过头看 12 年前的福岛核事故，大家不难发现，一些负责人的行为，如缺乏风险意识、掩盖事实真相、淡化灾害严重性等，都非常类似。也许苏联官员与日本官员行为的出发点不尽相同，但是行为的内容却别无二致。如果有区别的话，那就是苏联官员遭遇问责，法庭、审判、监狱生涯等不一而足。相比之下，福岛的相关责任人员都可以安全“着陆”。2023 年 1 月 18 日的新闻显示，东京电力公司前董事长胜俣恒久等三人最终免于刑事责任[①]。

从这个意义上来说，讨论制度的合理性与探究人性同样具有意义。趋利避害，即追求利益最大化、损失最小化，本来就是一切人类，乃至一切生物的天性。同样，人的喜怒哀乐、欲求与期望也都相通。匈牙利籍经济与地理学家哲尔吉·埃涅迪（György Enyedi）在研究冷战时期曾言：“不论东欧还是西欧，人设定的基本目标是一样的。”浦洛基在《切》中虽然对苏联政治制度有所批评，但总体而言不如冷战时期有些欧美著作那么严厉，有些部分采用了本文一开始说的春秋笔法。反而是在著作中最后部分，其从一位乌克兰民族主义者立场出发，反思了乌克兰冷战后去核化的利弊得失。有英文书评认为作者在这一立场上颇为自相矛盾：一方面认为乌克兰是此次核事故相当无辜的受害者，另一方面又为乌克兰在 1994 年签署《布达佩斯安全保障备忘录》（Budapest Memorandum on Security Assurances）并最终实现无核化而感到惋惜。

---

① 见半岛电视台网站2023年1月18日新闻“Tokyo Court Upholds Acquittal of Fukushima Disaster Executives”。

如此，作者浦洛基这种暧昧不清的态度本身也是一种现代化条件下“霍布森选择”的体现：核事业虽然风险极大，但是对于国家领土安全与能源自主意义重大，是一种别无选择的选择。推而广之，核能对于整个人类都是一种无可奈何的“霍布森选择”。在能源供应不确定性极大的当今世界，人类选择的余地其实非常有限，难道真的指望“用爱发电”吗？更进一步，人类发展到当今这一阶段，即将全球资源潜力发挥到最大来维持日益增长的人口规模的时代，又有多少自由选择？过去几百年现代化与全球化带来的高昂代价，如经济衰退、殖民、战争、流行病等，都需要地球上每一个人承担。人类虽如履薄冰却仍需要不断前行，因为唯有科学技术进步才是解决问题的根本办法，尽管解决旧有的问题同时又创造新的问题。这种“打地鼠”游戏，也同样是没有选择余地的选择，即“霍布森选择”。

我读浦洛基

刘苏里

万圣书园创办人

一

最早接触浦洛基作品，是他的《大国的崩溃：苏联解体的台前幕后》（下文简称《大国的崩溃》）。这多少跟大学所学专业有关，更与长期关注苏俄主题有关——我们自己的处境长期笼罩在苏俄的影子下，思考自己的问题，必然连带着苏俄。这本书的优点，是采用大量的解密档案，并指出美国人并不希望苏俄解体，稍感欠缺的，是小角度切入，着墨集中在几个当事人身上。此类书，中文写作和翻译出版的，有不少，影响比较大的有《苏联解体亲历记》《苏联的最后一年》《苏联的最后一天：莫斯科，1991 年 12 月 25 日》《一个大国的崛起与崩溃》等。

《大国的崩溃》让浦洛基进入中国读者视野。随后，其四部作品连续出版，分别为《雅尔塔：改变世界格局的八天》（下文简称《雅尔塔》）、《欧洲之门：乌克兰 2000 年史》（下文简称《欧洲之门》）、《切尔诺贝利：一部悲剧史》（下文简称《切尔诺贝利》）和《毒枪手：慕尼黑的秘密间谍》。前三部都看过，都比较过瘾。《欧洲之门》，因俄乌冲突，读过第二遍；因为要写点介绍文字，也重读了一遍《切尔诺贝利》。

重读《欧洲之门》和《切尔诺贝利》时，我才认真查阅浦洛基的身世和任职，理解了为何浦洛基的写作，主题都离不开乌克兰。他生在俄罗斯下诺夫哥罗德，却长在乌克兰扎波罗热，在基辅大学获得史学博士学位，后移居美国，现任职于哈佛大学，教授乌克兰史、东欧历史，并担任乌克兰研究中心主任。

这次广东人民出版社万有引力书系出版浦洛基作品集五卷，让我喜出望外。除《切尔诺贝利》，皆为新译。一个读者是不会奢望他 / 她喜爱的作者大部分作品被引进出版的。以浦洛基的知名度和写作涉及的主题，其绝大部分作品被译成中文，就算不是唯一，恐怕也极其罕见。但这样做很有意义，很值得。

浦洛基是史家，经历复杂。这决定了他的作品，既在专业上保持了相当质量，又饱含必要的激情。他带着此前累积的所有财富和包袱，来到哈佛大学这块高地，使其写作又多了一个重要视角——站在西方回看生他养他，以及与其有千丝万缕联系的土地，前者如俄罗斯、乌克兰，后者如白俄罗斯、波兰、立陶宛。上述与浦洛基有关的地名和国家，皆因俄乌冲突被更多人所知。扎波罗热还在鏖战，基辅经常遭到空袭。波兰和立陶宛坚决站在乌克兰一边反俄，白俄罗斯几与俄罗斯合并——俄罗斯的军队，其中一支就是从白俄罗斯开拔的。诺夫哥罗德，历史上是有名的北欧维京人与基辅罗斯的贸易中心，浦洛基的出生地下诺夫哥罗德，就在基辅的正北偏东一点儿。要说一块地域的历史基因，不论经过多少代人都会流淌在一个人的身上，我一点儿都不觉得奇怪。

啰嗦这些，无非想表达这样的意思，要了解苏联、乌克兰和东欧有关国家，都绕不开浦洛基的作品——浦洛基是当之无愧的首选。

二

国人何时开始关注切尔诺贝利核事故，我无从考察。最近的，恐怕是阿列克谢耶维奇的作品，最早书名叫《切尔诺贝利的回忆：核灾难口述史》。两年后，阿列克谢耶维奇这本书花城出了新版，译者也换了，书名改为《我不知道该说什么，关于死亡还是爱情：来自切尔诺贝利的声音》。第二个译本，在阿列克谢耶维奇荣获诺奖后，书名改为《切尔诺贝利的悲鸣》，一时洛阳纸贵。切尔诺贝利核灾难故事，才真正走进国人视野。

有关这本书的故事还没完。2018 年中信出了新译本，改名为《切尔诺贝利的祭祷》。可以说，助推国人对核灾难认知的首功归阿列克谢耶维奇，一位白俄作家，写了当时苏联的故事，它发生在今天的乌克兰！

我们还应当记得其他助推作品，包括法国人勒巴热的《切尔诺贝利之花》，该作 2017 年又出一版，译者没变，书名改为《切尔诺贝利之春》；2020 年浦洛基的作品出版；2021 年《切尔诺贝利的午夜》出版。这一主题的关注度被推向高潮。

几位作者，阿列克谢耶维奇是作家，勒巴热是漫画家，《切尔诺贝利的午夜》作者希金博特姆是专栏作家。作品写得好看，或深沉（阿），或浪漫（勒），或严实但不失激情（希）。看过希金博特姆，切尔诺贝利核灾难的过程尽收眼底；阿列克谢耶维奇的底稿得自第一手，皆亲历者口述，鲜活可感；勒巴热以艺术家笔触，记录了灾后人们的痛苦、坚韧，以及现场毁灭情景，浪漫之情却溢于言表。

比较起来，史家浦洛基则中规中矩，以记述事件过程为主，偶尔几句评论，却能感受到他胸中埋藏着待发的火焰。本书的特点，是小历史现场和“善后”手法切入，带出宏大的历史问题，以及更多地提出问题，答案（藏在叙述中）留给读者。

三

切尔诺贝利核电站位于乌克兰基辅州的普里皮亚季镇，靠近白俄罗斯。1986 年四号机组发生的核事故几乎波及整个欧洲，是权威机构认定的人类首次第七级（最高级）核事故。深受其害的，首当乌克兰基辅地区，其次是白俄罗斯，再次是北欧国家和靠近乌克兰的波兰、罗马尼亚等国，一直蔓延到中欧、西欧各国，包括英伦三岛。

人类和平利用核能，就存在事故的可能。切尔诺贝利核事故之前，首次发生核事故的是美国，接着是苏联，最近的一次，发生在日本福岛。

既然不可避免，我们是不是可以就此得出结论：所有已经发生的核事故，其原委事实上都是一样的？当然不是。仔细分辨，可以说，每起核事故，其原因和造成的后果，都不同，甚或本质上不同。但有一点非常相似：事故发生后，当局（主事者）都试图掩盖事实，或淡化灾难。苏联 1954 年的核事故，当时被彻底掩盖下来，很多年后才为人所知；1979 年美国三里岛核事故，政府的第一反应，是掩盖，在媒体监督下，消息才被迫公开；1986 年切尔诺贝利核事故，苏联政府一如既往严加管控消息，在国外舆论和国内慢慢“走漏”信息的压力下，才一点点从若无其事、“一切尽在掌握中”，到“羞羞答答”承认部分事实，而真正的事故检讨，已是苏联政权垮台后的事情。

事实上，浦洛基用笔最多，或说本书最有价值的地方，正是把苏联各级政府，包括军方和科学家配合政府意志和宣传共同演出的一场场剧目，不动声色却极为沉重地揭示出来。

和平利用核能，就有风险。但其中有两个重要环节，显示出不同国家在处理风险时的态度，它们不仅直接影响所在国和周边国家人民的安全，更回溯性说明和平利用核能的初始目的。一是技术路线的选择，二是事故发生后的处理姿势。

根据浦洛基所说，苏联政府与核电管理机构，在这两个重要环节上都犯了不可饶恕的错误，说是对人类犯罪，一点儿都不夸张。

书中指出，切尔诺贝利核事故，其隐蔽的起因有三：一是为显示制度优越性，与资本主义长期竞争的惯性思维；二是严重背离科学规律，为省钱和高效，选择了一条业内公认不成熟的技术路线；三是经济大局堪忧，试图利用核能发电，尽快重建日益衰微的国家经济。一句话，急于求成，不顾一切，追求多快好省。历史上所有追求多快好省的思维路线，没有不最终酿成惨祸的。

上述三个隐蔽的原因在先，事后成立各种所谓调查机构，查找事故具体原因，说好听点儿是事后诸葛亮，说难听点儿，是本末倒置。本末倒置的结果，是不会真的接受教训，早早晚晚，同样的灾难仍无从避免。以切尔诺贝利核事故为例，事后的调查和审判——所有主要当事人都判刑坐牢，更像是主事者脱责的闹剧，对责任个体的“惩罚”造成二次伤害，对政权的合法性的伤害，几年后便结下果子——苏联解体。如果说，苏联解体有个什么具体时间点和事件，那不是亚纳耶夫领导的政变，也不是戈尔巴乔夫推出“公开、透明”的改革路线，而是切尔诺贝利核事故及其“善后”的姿态和措施。从浦洛基铺陈的故事，已可非常有逻辑性地推出上述结论。

四

书中还有一条主线，讲了事故发生后，苏联人民，包括工程师、工人、消防员、科学家、直升机飞行员、文人，乃至普通民众和良知未泯的各级官员，应对灾难时的各种感人故事。他们的英勇行为，散发出巨大的人性之光，与另一条掩盖真相、推责、瞎指挥、视人命如草芥、把国际舆论当儿戏……的主线，形成强烈反差。前者流血流汗、患病牺牲，为所当为，奏响了人类对抗灾难的一曲悲歌，传诸后代；在后者衬托下，救灾的所有行为和意志，都像是黑色幽默，在激起人们感慨、敬意的同时，激发出一种莫名的愤怒和哀伤。因为在所有重要环节，那些在其位的人，但凡有起码的常识感和思维，有基本的原则性和科学精神，都不至于造成如此后果。但灾难发生了，带有必然性，而所有的后果，首先要那些与决策无关的人承担。更可笑的是，救灾过程中，各级政府承诺的奖励和补偿，事后不兑现，很多人流离失所，生活依靠自救，人生轨迹从此被改变，生命匿于决策者不可挽回的失误和罪过中，呜呼哀哉！

浦洛基是史家，史家也有感情。但浦洛基尽量“掩饰”自己的感情，一笔笔记录事件主要过程，沉稳、细密、严谨，大多时候近乎白描，但我分明听到他血管里汩汩涌动的血液，随时有可能喷张出来，挺吓人。这不仅因为他是有感情的人，还跟他是乌克兰人关系甚大。

无独有偶，正是在揭露事故真相、检讨事故根本原因、追究隐蔽责任人的运动中，乌克兰民族新的历史大门被打开了。为什么要把隐患巨大的核电站建在离基辅如此近的普里皮亚季？为什么牺牲的是乌克兰人，而得利的却是俄罗斯人？（书中指出了一个基本事实，即核电站的管理者和工作人员，大部分是俄罗斯人。在那个匮乏年代，核电站工作人员的待遇，高出普通工作人员几倍。）为什么是莫斯科决定乌克兰人的命运（救灾决策者和指挥者几乎全部来自莫斯科）？为什么灾难的后果要乌克兰人承担（普里皮亚季周边大批人群和基辅市民的疏散，不仅工作量浩大，费用浩大，精神损失也浩大）？

我们知道，苏联的事实性消亡发生在白俄罗斯首都明斯克西边的别洛韦日森林，背后强大的推动力量，并非来自叶利钦领导的俄罗斯，而是源于克拉夫丘克领导的乌克兰。除了历史上各种原因，导致乌克兰“离心离德”的近因，正是切尔诺贝利核灾难。乌克兰人受够了莫斯科。乌克兰现代史上，两次惨绝人寰的灾难，大饥荒和核事故，都与莫斯科有关。他们决定自己管理自己，决定彻底摆脱莫斯科。乌克兰人的愿望和意志改变并决定了后来的历史走向。

五

浦洛基出生于俄罗斯，后移居美国，但心里装着的，还是乌克兰，乌克兰才是他的祖地。《欧洲之门》写乌克兰2000年历史——说起来，俄罗斯历史，往短说不到1000年，往长说，1100年。浦洛基并非民族主义者，2000年乌克兰史叙述亦非虚妄。之所以把乌克兰称为“欧洲之门”，跟其所处地理位置有关——位于与欧洲文明对立的伊斯兰文明的锋面。历史的吊诡之处，是乌克兰的诞生和成长，与千年帝国东罗马帝国（也称拜占庭帝国），有着千丝万缕的联系。奥斯曼帝国崛起后，乌克兰成了欧洲人应对穆斯林的前线。书中的这段历史，写得极尽周到。

著名的雅尔塔，是克里米亚南部避暑胜地，1945年2月，三巨头罗斯福、斯大林、丘吉尔在此秘密聚会，对战后世界势力范围做了划分，史称“雅尔塔体系”，一直影响到今天。浦洛基写《雅尔塔》，意在提醒人们，乌克兰（的克里米亚）在现代世界史中，有着特殊地位。

顺便指出，二战时期发生在乌克兰土地上的两次大战役，敖德萨战役和基辅战役，尤其是关键性的基辅战役，成为苏联对德战争的某种转折。上述地名今天为人所知，但知道它们在二战中所扮演角色的人并不多。浦洛基书中没涉及这块儿，我猜他不仅知其详情，甚至耿耿于怀。

《大国的崩溃》，提到了上面许多重要人名与地名。主题是苏联解体，突出了乌克兰的角色，可谓中国俗语“出来混迟早要还”的学术表达。

如此看，浦洛基的研究，大体没离开过乌克兰——不论历史与现实，还是角色传承与关键节点。这是理解浦洛基写作和表达的切入口，也是落脚点。《切尔诺贝利》，是关键节点的代表作，核灾难是掀开苏联解体的第一页，也可以说，宣告了冷战第一季的结束，其重要性自不待言。读者通过拜读这部著作，有机会检讨和省察自己所亲历的事件，从中获得鼓励和启发。

与“尚未成为过去的过去”成功对话

吕一民

浙江大学历史学院教授、浙江大学公众史学研究中心主任

“历史是现在与过去永无休止的对话。”［语出英国史学家 E. H. 卡尔（E. H. Carr）的《历史是什么？》（*What Is History?*）］由于种种主客观因素限定制约，现当代史的书写实属不易，倘若所写之现当代史著作须涉及“尚未过去的过去”，更是难上加难。作为治史多年的资深学者，《切尔诺贝利：一部悲剧史》（下文简称《切尔诺贝利》）作者浦洛基，对写作此书的难度势必心知肚明，却仍能知难而上。可以说，浦洛基仅凭这一点就已让笔者对其顿生好感。

当然，笔者对浦洛基及其《切尔诺贝利》赞赏有加，还有其他缘由。这一缘由说来也简单。上世纪 80 年代中后期起，笔者虽在科研上主治法国近现代史，但在教学上一直都在讲授“20 世纪世界史”等课程。鉴于备课所需，更由于要完整讲授 20 世纪世界史，在切尔诺贝利发生的这场举世震惊的核灾难是根本无法绕过的话题，每当有相关中文著作出版，我都会饶有兴趣地阅读。正是在阅读、比较这些书的过程中，《切尔诺贝利》给我留下的印象最佳。由于深感此书确实不错，加之它还带给我久违的酣畅阅读体验，此后我一直都在关注、收集浦洛基的作品，从而对这位以高产又高质著称、专攻东欧思想文化和国

际关系史的同行有了更多体认。虽说浦洛基的《欧洲之门》等众多著作同样精彩纷呈，但至今让笔者最为欣赏和看重者还是非《切尔诺贝利》莫属。浦洛基特有的人生经历，即出生于俄罗斯，成长于乌克兰，后又长期在美国顶级名校任教，加之深厚的学术积累，使他堪称此书之“天选作者”。

该书中文版经广东人民出版社的万有引力书系推出后，广受欢迎，一再加印。这显然可归因于作者以超凡才情和深厚功力为读者提供的这部专著，既有着对这场核灾难全景式历史书写应有的高远立意、宏大格局，还兼具独特的视角、鲜活的细节和深刻的洞见，发人深思。该书精妙引用了涉及不同人物的大量材料，有助于读者洞察这场灾难发生后相关人员的“被抛弃感”“无力感”等真实心态，从而让读者获得了更多的“现场感”。凡此种种，皆使此书至今仍还当得起这一美誉——“关于切尔诺贝利核灾难最权威的史学作品”。

书中写到法国大革命期间，切尔诺贝利城主的女儿罗扎利娅·卢博米尔斯卡前往巴黎旅行，却因与法国贵族过从甚密及所谓的“密谋反革命罪”，在“恐怖统治”中遭到审判并被送上断头台，这一幕难免让作为法国近现代史研究者的笔者印象深刻。不过，《切尔诺贝利》给我留下至佳印象并激起强烈共鸣，主要归结于它让我联想到当今法国史学不时涉及的“尚未过去的过去”（les passés qui ne veulent passer）。法国人所说的“尚未过去的过去”，显然也可译为“不愿过去的过去”。这一说法在 20 世纪晚期的法国史坛甚至更大范围出现，一度高频亮相于法国媒体。其出现与美国学者罗伯特·帕克斯顿（Robert Paxton）在 1972 年出版的《维希时代的法国》（*Vichy France*，法文版翌年在法国推出）大有关系，而且可说是该书在六边形土地引起震动和争论的产物。为此，有必要对相关情况略加介绍。

对战后法国史学有所了解者都知道，法国在二战期间遭受“奇异的溃败”，加之战后相当长时间里法国各方致力于恢复“法兰西的伟大”，致使法国史家笔下的这段历史往往不够客观、全面。彼时对二战时期法国的历史书写，主要热衷于展现当年法国人共同遭受的苦难，以及法国人在抵抗运动中的英勇表现，即力求让“抵抗”在战后法国人的心目中成为二战最主要的象征。与此同时，让法国人觉得有失颜面的各种二战史事，被自觉或不自觉地回避。而诸如维希政权在对犹太人的“最后解决”方面的“同谋罪”，以及抵抗运动史“英雄记忆”中一些著名人物的真实身份或面目，亦注定长年属于讳莫如深的话题。凡此种种，均表明法国的一些“过去”由于各种错综复杂的因素，纵使在几十年后仍无从翻篇，还没能真正成为“过去”。

那么，笔者何以在展卷细读《切尔诺贝利》时会陡然产生上述联想？究其原因，不外乎如下：倘若法国二战历史很长时间里一直属于“尚未过去的过去”，那么浦洛基在《切尔诺贝利》中全景式描绘和再现的这场核灾难又何尝不是如此？进而言之，当我们联想到这场核灾难接连引发的一系列事件，特别是与这场核灾难有着千丝万缕联系的俄乌冲突，自然会冒出如下念头：切尔诺贝利核事故固然已过去 30 多年之久，实际上却仍没有成为“过去”。

书写这种涉及“尚未过去的过去”的现当代史著作，的确难上加难。不过，《切尔诺贝利》的读者大可感到庆幸的是，浦洛基知难而上后，即以一种“历史学家和事件同时代人双重身份”的自觉进行创作，同时还以梳理、解读灾难前因后果时的卓绝表现，让这一涉及“尚未过去的过去”的历史书写大获成功。书中，他依据晚近公开的档案材料和目击者的访谈素材，令人信服地精辟剖析了苏联的僵化体制和盲目的经济目标如何造成这场灾难并拖延救灾。与此同时，他还发人深省地揭示了灾难发生后苏联政府的欺瞒如何在乌克兰谋求独立及随后苏联解体中扮演重要角色。这难免让读者在阅读时为苏联和乌克兰的过往大发感慨，在感慨之余更明确意识到，发生在30多年前的这场核事故与当下的俄乌冲突之间，确实也存在错综复杂的联系，这一事实不啻再次表明，切尔诺贝利核灾难仍属"尚未过去的过去"。

记得几年前，笔者在应邀为企鹅欧洲史《地狱之行：1914—1949》（*To Hell and Back: Europe 1914—1949*）中文版撰写导读时，曾因该书作者伊恩·克肖（Ian Kershaw）导言中提出的"欧洲自我毁灭的时代"之说触动很大。诚然，克肖所说的"自我毁灭"，不过是欧洲国家在100多年前的状况，但进入21世纪以来，整个世界越来越多地呈现令人焦虑的行进方向，使笔者不无理由地担心起当今之世是否正在步入放大版的"自我毁灭"进程中。也许，上述担忧纯属杞人忧天，但在让人不时有危若累卵之感的当今世界，多一些警世之言，应该还有其必要。

历史，既是"现在与过去永无休止的对话"，还早就被奉为"人生之师"（magistra vitae，语出罗马学者西塞罗）。浦洛基在该书中和这段发生在切尔诺贝利的过往展开的对话堪称成功，势必值得世人重视，重视，再重视。正如他在该书结尾之处提出的忠告："一个切尔诺贝利，一个禁地已给世界留下了深深的伤痕，人类再也经不起下一个。1986年4月26日，切尔诺贝利发生的一切值得全人类引以为戒。"[①]

① 《切尔诺贝利：一部悲剧史》，第386页。

重温悲剧的意义

沙青青

历史学者、专栏作家

1986年4月26日凌晨，时任苏联能源与电气化部副部长阿列克谢·马库欣向克里姆林宫发去了一份紧急报告。内容如下：

> 1986年4月26日凌晨1点21分，切尔诺贝利核电站四号反应堆在进行例行维护时，反应堆顶部发生爆炸。据切尔诺贝利核电站站长报告，爆炸导致反应堆厂房的屋顶和墙壁镶板部分倒塌，屋顶的几个面板和反应堆的辅助系统单元受损并造成了屋顶起火。
>
> 凌晨3点30分，火被扑灭了。
>
> 工作人员正在采取措施冷却反应堆的活跃区。苏联卫生部的3名主要负责人认为，没有必要采取特别措施，包括将人口从城市疏散。
>
> 9名工作人员和25名消防人员住院治疗。
>
> 正在采取措施消除事故所造成的后果并调查事故原因。

依照这份紧急报告的内容，尽管切尔诺贝利核电站在半夜突发意外并导致火灾，但一切似乎都还在掌控之中。在26日下午，当部长会议副主席谢尔比纳带领一众官员、专家从莫斯科搭机赶往切尔诺贝利核电站所在地普里皮亚季特时，能源与电气化部部长马约列茨甚至乐观地觉得几天后当地的生产生活秩序就能恢复如常。而来自苏共中央委员会的核能专家弗拉基米尔·马林在出发前则庆幸地表示：“很神奇，这次事故居然没造成污染！那是个很大的反应堆。”①

然而实际情况却是截然相反的。

4月26日凌晨1点23分46秒，切尔诺贝利核电站在进行夜间测试作业时，四号核反应堆功率在短时间内激增至最大设计负荷的约10倍，导致蒸汽爆炸，将厂房屋顶彻底炸开，反应堆堆芯立即直接暴露于大气中，释放出大量的放射性微粒和气态残骸。尽管爆炸引发的外部明火在26日早晨就被扑灭，但四号核反应堆内部的火势和链式反应依旧处于失控状态，厂房屋顶的辐射照射强度为2万伦琴，反应堆内则高达3万伦琴。当谢尔比纳在晚上8点左右抵达时，他看到了一副骇人的景象。随行的首席专家、库尔恰托夫原子研究所副所长勒加索夫记得：“在距普里皮亚季城还有8—10公里的地方，我们注意到核电站上方笼罩着一片深红色，准确说是猩红色的光芒，这样的景象着实让我们大吃一惊。”②

这是裸露在外的核反应堆向空中喷射辐射元素的场面。之后的数日、数月乃止数年里，为了封堵这个猩红色的“伤疤”，有超过30万附近居民被迫撤离。而仅在乌克兰，就有约5%的国土面积，近3.8万平方公里的土地在这次事故中被污染。至于事故究竟造成了多大的人员伤亡，则很难准确估算，4000—9万人之间的各种统计数字都存在。至于对乌克兰、白俄罗斯当地民众造成的健康隐患更是一个庞大到难以直视的“黑数”。用戈尔巴乔夫在1986年6月5日苏共中央政治局上的

① 《切尔诺贝利：一部悲剧史》，第136页。
② 《切尔诺贝利：一部悲剧史》，第144页。

发言来说，就是“再来一两起这样的事故，我们就会面对比全面核战争更糟糕的情况”。

无论如何，切尔诺贝利发生的一切无疑是一场彻头彻尾的悲剧。

哈佛大学乌克兰史、东欧思想史、国际关系史权威专家沙希利·浦洛基在他屡获殊荣的著作《切尔诺贝利：一部悲剧史》中，通过近年来陆续公开的档案、当事人回忆等大量一手资料，用极为鲜活生动的语言，为读者详细描述这场空前事故的来龙去脉，时代背景，对国家、社会以及对每一位当事人所造成的巨大影响。上至克里姆林宫最高决策层的讨论，下至普通市民、消防员、军人面临危险时的生死抉择，浦洛基都给予了同样的关注。在书中，他希望通过对各类当事者行为的描述及其动机的探究，来洞悉这场悲剧之所以会发生的历史逻辑。

从技术角度来看，切尔诺贝利核电站四号反应堆的爆炸，一方面是现场工作人员违规操作导致了失误，另一方面则是 RBMK 型反应堆存在设计缺陷。浦洛基认为切尔诺贝利悲剧的发生有这两方面的情况同时存在。在之后进行的事故调查中，这场悲剧的全部责任先是被推给了事发时的核电站工作人员，以免苏联核工业本身乃止国家的声誉受损。之后，随着相关事故调查报告及其他资料的解密、披露，反应堆存在设计缺陷的事实才被公开。对此，浦洛基教授并无意在自己书中来判断，这两方面谁才是真正的肇事者、谁又是无辜的。真正的历史学家从不扮演法官的角色，而只是抽丝剥茧地去推测、重建事件的成因与过程。

毋庸讳言，任何重大事故，除了自然灾害带来的不可抗力、人员的技术失误与设计缺陷外，都可以挖掘其背后更具广泛意义的政治、社会及文化因素。在切尔诺贝利的个案中，浦洛基教授对这类水面下“冰山主体”的探究，并非只是为了强调或放大苏联时代意识形态所带来的影响。相反，在他看来，冷战时代各国政府处理核事故时往往都有着相近的本能反应。例如 1957 年英国温茨凯尔反应堆发生火灾并引发核泄漏后，英国首相哈罗德·麦克米伦便选择掩盖事故起因及其造成的严重后果，甚至对美国方面都三缄其口，理由是担心引发恐慌。而切尔诺贝利事故发生多年后，时任苏联部长会议主席的雷日科夫也曾讲过类似的话："（当时）我能对人们说些什么呢？难道跟他们说'大伙儿，反应堆爆炸了，辐射值已经爆表了，赶紧自救吧'？"[①]

无论过去还是现在，任何发生在核工业领域的重大事故都会是全球性灾难，而非一国一地之事。事故本身也是各类复杂因素交织的结果，这与意识形态、国家模式、社会制度等方面有联系，却并非是想当然的简单因果关系。实际上，除去爆炸当天或出于官僚系统之间的信息不通畅，又或是出于侥幸心理，以至于对事故现场的严重程度有错误估计外，苏联当局在最短的时间内为事故处理投入了难以计数的资源，为遏制反应堆火势、疏散公民和消除污染而做出了巨大努力和牺牲。根据苏军总参谋长谢尔盖·阿赫罗梅耶夫 1986 年 12 月的报告，半年内有超过 22.5 万名军人和 6.5 万台设备参与了清理工作；苏联空军飞行了 18 818 个架次，运送了 25 500 万人次和超过 5.5 万吨货物前往事故现场。而在之后数年间，前后共有超过 60 万人投入这场事故的善后与清理工作之中。数以万计的"事故清理人"冒着剧烈的辐射，用自己的生命换来了灾难不再扩大蔓延的结局。全程参与事故调查和处理的勒加索夫就将"事故清理人"与在苏联伟大的卫国战争中牺牲的红军战士相提并论，他本人在事故现场也总是第一个冲上去。正如浦洛基教授对勒加索夫的评价：这是"一场全球性灾难，少说也有上百万人将受到影响，而他丝毫没有犹豫，便决定宁可让自己的生命承受危险，也要拯救他人"[②]。

从形而上的角度来观察世界，就不得不承认熵增才是世间的常态。人类看似现代化的生活方式与工业文明，都建立在一种小范围的可控秩

① 《切尔诺贝利：一部悲剧史》，第194页。

② 《切尔诺贝利：一部悲剧史》，第301页。

序之上，而这种所谓“可控秩序”本质上是一种非自然的状态，却又往往让人生出一种习以为常的错误幻觉。在人类的生产、生活中，每时每刻都会发生事故，核工业同样不例外。想当然地认为切尔诺贝利的悲剧在未来绝不会重演，就如同百年前坚信“泰坦尼克号”绝不会沉没的人一样愚蠢和狂妄。福岛核电站的事故就再次清楚地表明：即便切尔诺贝利后，各国核工业安全标准都在不断提高，但仍无法彻底杜绝事故的出现，而后果同样会是致命且遗祸无穷的。

正是基于这种理念，浦洛基教授在完成《切尔诺贝利：一部悲剧史》后，还以全球核灾难为主题，撰写了另一部专著《原子与灰烬：核灾难的历史》，尖锐地指出：尽管核工业不仅在运行上存在风险，也无法成为应对某些难题（诸如气候变暖）时的终极解决方案，但绝对不能弃核工业的技术发展、国际合作于不顾，因为这只会加速下一次核事故的到来。浦洛基教授的论著便是在提醒世界各地的读者们理应充分认识到核能的危险性，并在此基础上才能长期谨慎而有节制地利用核能。

现在的切尔诺贝利核电站四号反应堆埋于厚重的石棺之下，似乎为这场悲剧画上了一个暂时的句号。但在极端气候频发、民粹主义与大国对抗日趋激烈的当代世界，切尔诺贝利的故事仍值得我们带着敬畏之心去重温。

了解核悲剧的历史，思考核能与人类社会的未来

史宏飞

中山大学历史学系副教授

> 在车站灰暗的背景下，500米处的一片小村庄的农舍依稀可见，篱笆后面有一位农夫持着犁，在果菜园里耕作，他面前还有一匹马。乡村田园式的画卷出现在这片被辐射侵染的大地上，这一幕我将长久铭记于心。①

1986年4月26日，乌克兰苏维埃社会主义共和国境内的切尔诺贝利核电站发生重大核泄漏事故。在核电站所在地的普里皮亚季，被苏共派去协助处理事故的苏联核科学家瓦连京·费杜林记录下了大撤离之前的静谧景象。从此以后，包括普里皮亚季在内的方圆数十平方公里成为人类生存的禁区。在国际知名的历史学家、哈佛大学教授沙希利·浦洛基看来，切尔诺贝利事件“标志着一个时代的终结，另一个时代的开启”②。

浦洛基出生于苏联时代的高尔基市（今俄罗斯下诺夫哥罗德市），之后在扎波罗热度过自己的童年，并在莫斯科、基辅等地接受了历史学

① 《切尔诺贝利：一部悲剧史》，第183页。
② 《切尔诺贝利：一部悲剧史》，第382页。

的专业训练。切尔诺贝利事件发生时，浦洛基正好在他本科母校第聂伯罗彼得罗夫斯克大学任教。数年之后，浦洛基在加拿大被诊断出“甲状腺有些红肿”，大抵就是1986年以后长期遭受低剂量辐射所致。2007年，经过两年的严格遴选，浦洛基被哈佛大学聘为乌克兰史米哈罗洛·赫鲁舍夫斯基讲席教授。赫鲁舍夫斯基是乌克兰的历史学家，也是20世纪早期乌克兰民族复兴的关键人物。哈佛的教席以其命名，可见其荣誉之重。因此，作为直接受切尔诺贝利事件影响的人和享誉盛名的乌克兰史学者，浦洛基可能是记录和研究切尔诺贝利事件的最佳人选之一。

读罢由浦洛基所著的《切尔诺贝利：一部悲剧史》，笔者认为，浦洛基对切尔诺贝利事件来龙去脉的研究是专深而又耐读的，是近年来关于核历史的重要研究。本书不仅值得学界同仁的关注，也非常适合对核历史有兴趣的公众阅读，特别是日本核污染水排放议题特别受关注的当下。

从审视专业研究的角度来看，本书史料挖掘和解读的水准很高，这也是一部历史学专著立得住的基础。俄罗斯与乌克兰之间的历史关系非常复杂。在经历了一系列的政治变动之后，乌克兰于2015年开放了其苏联时代的克格勃档案，其中包含大量有关切尔诺贝利事件的秘密档案。利用这些新解密档案，结合其他相关的新资料，浦洛基围绕切尔诺贝利事件，对苏联以核能优势所体现出的对国家声望的追求、苏联核工业发展路径中的决策选择以及苏联与乌克兰之间的复杂关系等问题都有比较精准的分析和讨论。这也使本书成为国际学术界第一部完整呈现切尔诺贝利事件来龙去脉的佳作。在阅读过程中，能看出作者对不同来源的材料进行对照和选择之后，通过尽量流畅的衔接为读者还原了当时的历史场景，讲述了比较接近真实的历史。

如果说关注政府政治是传统史学研究的特点的话，本书还超越了传统历史学只关注精英决策的研究范式，写出了普通人面临无妄之灾时的悲惨境遇。在第六章，浦洛基讲述了消防员普拉维克、瓦西里等人得知核电站起火后，第一时间冒着熊熊烈火和高强度核辐射去灭火的英雄故事，叙事节奏紧张到动人心弦。普拉维克与其妻子和刚出生两周的女儿娜塔卡分离的场景更是令人扼腕痛惜：

> 离开公寓前，娜迪卡在桌上留着一封信给普拉维克，告诉他自己和娜塔卡身在何处。他们的浪漫情史主要由信件维系，这将是唯一一封没有回信的情书。①

这些在事发当时对核辐射一无所知、勇敢冲上去的消防员，很快就被送进了医院。有的消防员很快就去世了，活下来的也要在余生中遭受病痛折磨。这种关注大事件背景之下小人物命运的视角，反映出浦洛基"视角向下"的史学旨趣，也令读者对这段历史有了更鲜活的印象和记忆。当然，阅读体验较好的部分原因，也应归功于中文译者的专业能力。

不唯如此，浦洛基还试图从跨国史和国际史的视角出发，立体呈现切尔诺贝利事件在全球冷战进程中的地位。切尔诺贝利事件从爆发那一刻起，就已经不是一个"苏联史"事件，而是一个"世界史"事件。本书对切尔诺贝利事件所引发的冷战时期苏联与西方（美国）、苏联与国际组织、苏联与苏联阵营内国家的交涉，都进行了立论有据的考察，呈现出因切尔诺贝利事件引发的国际交涉和跨国共振，甚至得出正是切尔诺贝利事件撬动了苏联解体和冷战终结进程的结论。我们或许应对作者在做出这一结论时是否夸大有所怀疑，毕竟引发苏联解体和冷战终结的诱因有很多。但不可否认，本书通过考察切尔诺贝利事件的发生和解决过程，给出了一条证据链，提出了符合历史逻辑的看法。因此，本书

① 《切尔诺贝利：一部悲剧史》，第107页。

通过多维视角与多源史料的结合，精彩呈现出了切尔诺贝利事件的复杂性及其深远历史影响。

中国人关注历史，一个主要目的就是以史为鉴。关注域外，则多含有洋为中用的希冀。这两方面都含有一种实用主义的哲学。这并非不好。因为一般人很容易在类似的环境下，回溯与之相似的过往记忆，试图从记忆中找寻类似境况下的应对方式。浦洛基通过对切尔诺贝利事故的研究，反思了导致事故发生的直接和根本原因。这些原因真的就能在下一次事故中避免么？这是非常难以预测的事情，全球各地仍然在不断新建核电站，新的问题也会不断出现。就如浦洛基所言，我们不知道“这些国家的政府会不会以牺牲本国和世界人民的健康为代价获得更多的资金和能源，以谋求军事和经济的快速发展”[①]。2011 年日本福岛第一核电站发生核泄漏所引起的国际关注，目前仍在持续。这说明当今世界已不可避免地要与核能和核能带来的隐忧继续共存下去。阅读诸如浦洛基这些史学家的著作，似乎也无法获取直接的答案。但如果更多的人通过阅读去体会作者对人类历史的悲悯之心，思考人类社会在面临现代科学技术进步所带来的灾难时如何自处，也许在不久的将来，我们会找到更好的思路和办法去解决类似的困扰。

① 《切尔诺贝利：一部悲剧史》，第384页。

切尔诺贝利：核电行业的“报警器”

殷　雄

中国广核集团专职董事，研究员级高级工程师
南方科技大学、厦门大学兼职教授

8 月 15 日，是日本于第二次世界大战期间宣布无条件投降的日子。这一天，《能源》杂志社编辑王高峰同志给我发微信，广东人民出版社陈晔编辑希望他推荐一位核电业内人士，为出版社的一套丛书撰写书评。陈编辑很快将书寄给我，其中一书是《切尔诺贝利：一部悲剧史》，作者是沙希利·浦洛基，出生于俄罗斯，成长于乌克兰，现任美国哈佛大学乌克兰研究中心主任。该书已经于 2020 年 7 月正式出版，到 2023 年 7 月已经是第 9 次印刷，由此可见其受欢迎的程度。

说实话，值此俄罗斯与乌克兰之间持续了 500 多天的军事冲突尚未得到有效解决之际，阅读发生于 37 年前乌克兰境内的切尔诺贝利核电站事故的相关文献，并不是一件令人愉快的事情。尤其是近期日本政府冒天下之大不韪，悍然将未经彻底处理的福岛核事故的核污染水排放入海，更是触发了我作为一名从切尔诺贝利核事故、美国三里岛核事故和日本福岛核事故这三次核事故中受到心灵震撼的核电从业者的更加沉重的历史责任感和现实危机感。

本书作者浦洛基作为一名在乌克兰长大的学者，对于这场发生在

他青年时期的核事故，一定经历了其他人不曾有过的心路历程，有他自己独特的观察视角、思想感情和价值选择。在史料的选择和观点的表达方面，他肯定会表现出鲜明的个人感情色彩。对于这一点，读者不应该，也不能够提出过分的苛求。作者在书中表达了这样一种鲜明的观点：苏联的僵化体制是造成这场灾难的主要原因。在我读过的许多有关这场核事故的著作中，类似的观点比比皆是。

苏联领导人戈尔巴乔夫对于切尔诺贝利核事故，有着刻骨铭心的记忆与反思。他在其回忆录《孤独相伴》中写道："切尔诺贝利暴露了我国的许多病灶：隐瞒灾难和负面事件、无责任感、粗心大意、工作懈怠和酗酒成风。然而，我知道这些问题不会通过使用行政压力、纪律或严厉措施就得到解决。""对于我而言，这是改革时期的重大关头之一，也是我人生的重大关头之一。我们必须忍受艰难困苦，进行反思，得出结论，面向未来。可以这么说：我的人生分为两大时期，即切尔诺贝利事故之前和之后。"[①]2006年，戈尔巴乔夫在纪念切尔诺贝利核事故20周年的一篇文章的开篇就语出惊人："切尔诺贝利核事故可能成为5年之后苏联解体的真正原因，其重要程度甚至要超过我所开启的改革事业。切尔诺贝利灾难的确是一个历史转折点，其前后的两个时代迥然不同。"[②]

戈尔巴乔夫是当年苏联的"当家人"，他的话是有一定权威性的。切尔诺贝利核事故的恶劣政治影响，以及天文数字般的善后费用，都给了苏联沉重的打击。至少从表面上来看，切尔诺贝利核事故是压垮苏联这头巨型骆驼的最后一根稻草。它其实不是一根稻草，而是一股具有雷霆之力的洪流。它是阿基米德手中那根能够撬动地球的杠杆，所产生的

---

① ［俄］米哈伊尔·谢尔盖耶维奇·戈尔巴乔夫著，潘兴明译：《孤独相伴：戈尔巴乔夫回忆录》，译林出版社，2015年，第327页。

② 盛文林编著：《人类历史上的核灾难》，台海出版社，2011年，第189页。

效应就是：摧毁了一个国家（苏维埃社会主义共和国联盟）、一个政党（苏联共产党）和一种制度（苏联式社会主义）。

体制具有决定性的作用，这一点无可否认。不过，如果把任何事情的后果都归咎于体制，那么这种反思就是把复杂的问题过于简单化、情绪化、标签化和政治化了，最后的结论必然是肤浅的。苏联核事故之后的放射性物质扩散到欧洲的天空，人们可以口诛笔伐；那么，最近日本把福岛核事故之后积存的核污染水排放到美丽的太平洋，人们，尤其是西方的那些“政治精英”们又该说些什么呢？因此，对于切尔诺贝利核事故这个具体的事件，需要进行具体的分析，才能真正找到导致事故发生的直接原因和根本原因。

2007 年 5 月 16 日，我当时任职的大亚湾核电站举行了一场关于核安全的讲座，主讲人是俄罗斯自然科学院院士、切尔诺贝利核事故调查委员会首任主席纳扎罗夫。他从苏联的重大核事故，特别是切尔诺贝利核事故的经验教训中，提出了一个观点：对核风险的无知是造成这些事故的主要原因。虽然已经有人注意到切尔诺贝利核电站的堆型缺陷，但是由于对核风险的无知，没有人去深入研究这个缺陷。纳扎罗夫院士指出，出于同样的原因，切尔诺贝利核事故处理过程中的很多决策是错误的，人们对事故原因的最初认识也有问题。他对“灾难”的理解是：时间短暂，过了临界点就是不可逆的，人为控制不起作用，组织被彻底摧毁。最终的结果，就是苏联的解体。

纳扎罗夫院士指出了知识的重要性，而知识的运用首先在于一个个具体的人。切尔诺贝利核事故的起因其实很简单，但由于现场指挥人员和操作人员判断失误，最终酿成了重大事故。判断的失误，源于基本功不扎实，没有完全搞懂各个现象背后的本质，也没有将相关控制系统的作用理解清楚。事在人为，但人的能力与水平达不到一定的高度，事情怎么会做好呢？有一位国际原子能机构的专家曾经说过，核电站任何问题都来源于人为失误。正是基于对“人”的极端重要性的认识，我在大亚湾核电站和阳江核电站从事管理工作时特别反对“对事不对人”的中庸作风，而是强调经验反馈和根本原因分析一定要涉及具体的人。找到具体的人，并不是要追究个人的责任，而是通过分析人的心理活动和行为表现，从而找到导致事件或错误的根本原因，进而采取恰当的技术与管理措施，避免或杜绝类似的事件重发。

要说切尔诺贝利核事故给核电从业者的最大警示，就是要重视核安全文化。核电事业是一个需要大团队合作的事业，组织的导向是第一要素，必须积极倡导并践行“安全是第一业绩”的具有核电内禀特征的绩效观。核安全文化的第二个要素是“人人都是最后一道屏障”的职业操守，只有每个人都发挥出自己的最大作用，组织的效能才能发挥到极致，没有每个人的“一滴水”，便不会有组织的“汪洋大海”。核安全文化的第三个要素是“公开透明”的工作态度，弄虚作假、遮遮掩掩的态度与行为，永远是核电从业者的大敌。著名经济学家马歇尔说过：“习惯本身大都基于有意识的选择。”如果说“公开透明”也是一种习惯的话，那么核电从业者要有意识地选择这种习惯，组织要采取切实的措施来“强迫”员工做出这样的选择，使员工在日常工作中忠实地践行“个人的安全我负责、同事的安全我有责、核电的安全我尽责”的理念。

道理是直的，道路是弯的。打开核能的大门，让原子核内部潜藏着的巨大能量为人类所用，这是人类的崇高目标之一，我们绝不能够放弃。在和平利用核能的过程中，我们肯定会碰到困难和障碍，需要去努力克服。这就需要我们必须以发展的眼光看待核安全，在发展过程中不断地改进和增强核安全，这是人类认识和运用核电规律的不二法门。

切尔诺贝利核事故，是整个核电行业的“报警器”。不断地对事故进行反思，可以对核电从业者起到警钟长鸣的震撼作用。

《切尔诺贝利：一部悲剧史》导读

张　杨

浙江大学历史学院教授

切尔诺贝利，因为一场严重的核事故而留迹历史，引发后世持续的思考。历史学家关注切尔诺贝利，一般有两大原因：一些学者专注于切尔诺贝利事件引发的政治效应，称其为“导致一个帝国垮台的核灾难”，并且因此而“改变了世界历史的进程”；还有一些学者聚焦人类环境与生态，特别是2011年日本福岛核事故发生以后，“制度归因论”的解释力减弱，核能产业本身和安全文化问题得到重视。从学术史的角度看，《切尔诺贝利：一部悲剧史》（下文简称《切尔诺贝利》）超越了原有的思考框架，对事件有着更为深刻的诠释。该书作者不仅探讨科学与政治或者经济与生态之间的纠葛和悖论，更进一步将视线对准灾难面前的人类情感和人性展示，试图借此探究人类文明的本质与未来。

《切尔诺贝利》的作者沙希利·浦洛基是哈佛大学乌克兰史讲座教授，现任哈佛大学乌克兰研究中心主任。他成长于乌克兰，本人即是切尔诺贝利核事故的间接受害者；他对乌克兰乃至整个苏东社会有着深刻的洞察和亲身的体验；他的语言能力和人际关系使其可以查找并收集到多国档案，从而能够进行扎实的实证研究。浦洛基自述其“对个人的思想、情感和行为非常感兴趣”，目的是“发现和理解形成这些思想、情感和行为的政治、社会、文化环境，以及个人应对这些环境的方式”。[①]换言之，他想要探究制度和文化对一个人行为模式的影响。

他因特色鲜明且一以贯之的写作风格而被赞誉为“细节大师”。浦洛基的写作和叙事应当是借鉴了人类学的“深描”方法，即通过异常详尽的过程描述，不断呈现事件的细节来还原真相。“深描”可以很好地将读者带入历史情境，使读者产生共鸣，进而增强史家论述的可信度。然而，从实际操作的层面看，“深描”是难度极高的研究方法，需要一个完备的叙事架构、丰富的素材，以及写作者超强的文字能力和节奏掌控能力。

浦洛基无疑是切尔诺贝利这部悲剧史的理想作者。他在语言运用、写作技巧、知识背景、史学素养等方面的综合能力充分体现在这部著作中。该书叙事逻辑和架构非常清晰，运用了历史学常规的因果链论证方法。也就是说，史家的任务是描述切尔诺贝利事故的历史背景和事故发生过程，并分析事故的原因和后果。但与常规写作不同的是，浦洛基以对人物性格、情感、行动和选择的“深描”来推动因果链的序列递进并完善细节。书中重点刻画的政治家、科学家、普通技术人员和市民有几十位。在作者笔下，这些人物个性鲜明、形象丰满，全书读起来毫无艰深晦涩之感。然而，在对个人情感和经历描述的背后，作者仍然是在探讨事件的原因和影响，并不断提醒读者进行深入的思考。

从另一方面来看，浦洛基或许并非写作这部历史书的最佳人选。他的个人经历和身份意识使其很难避免某种程度上的先验假设和认知偏颇。这是《切尔诺贝利》一书的观点和方法，以及作者的政治立场受到一定质疑的原因。对于读者来说，在阅读时参照相关研究和保持清醒的审视非常重要。受篇幅限制，笔者想分享以下三点阅读体会。

① 《切尔诺贝利：一部悲剧史》，中文版序。

其一，尽管浦洛基从多个维度拓宽了研究的视野，但他仍然强调已有的“制度归因论”，后者在福岛核事故发生后，已经不具有普遍的解释力。在浦洛基笔下，无论是讲会议中的人物活动、核电站建设以及连带的城市建设问题，还是讲事故发生后的危机处理过程，实际上都是在讲苏联体制的弊病：只求速度却忽视安全的经济增速压力，使苏联多处核电站选择了石墨反应堆并且没有加装必要的安全防护装置；政府既是投资者又是顾客的事实，使核电站的基建像一个处处漏风的筛子，令人闻之惊心；1980 年代，苏联制度愈发僵化，官僚体系面临严重的功能失调，因此事故发生后人们虽然在努力挽救危局，但宁愿牺牲健康乃至生命也不愿承担责任、公开真相。

诚然，单就切尔诺贝利事件而言，制度因素的确是关键要因，但在切尔诺贝利之前，已有美国的三里岛核事故，切尔诺贝利之后，又有日本的福岛核事故。更重要的是，乌克兰虽然借助切尔诺贝利获得了独立地位，但独立后的乌克兰在核电站关停问题上犹豫不决，直到 2000 年 12 月，库奇马总统才宣布切尔诺贝利核电站正式关停。这些事故和现象表明，在核能利用方面，制约当下选择的困境仍然存在。究竟是追求现代化和经济增长，还是保障生态安全和人的健康，仍是各国政府不得不面临的艰难选择。

其二，《切尔诺贝利》一书对核事故发生后权力部门的应对，特别是苏联政府的信息处理过程进行了详尽的描述。浦洛基提出的一个重要观点是：苏联解体不是因为切尔诺贝利事故本身，而是因为其掩盖灾难的行为。他后来承认，所有政府，无论是资本主义还是社会主义，无一例外都不喜欢坏消息，而且大多数政府都考虑或执行了某种掩盖措施。尽管如此，浦洛基还是强调，只有在苏联制度下，掩盖才最有可能成功，民众也最有可能遭受放射性污染的影响。

事实或许并非如此。近期热映的电影《奥本海默》将科技和政治在道德层面的共生与异质问题搬上了屏幕。现实中，奥本海默还做过另外一件伟大的事情：在他的积极呼吁下，美国政府曾制定了一个“坦诚行动”（Operation Candor），决心将核应用（包括和平核利用和核武器应用）的可能危害公之于众。这是世界历史进入核时代后，人类首次正式考虑核信息公开化问题。然而，“坦诚行动”最终被美国政府放弃了。应该说，“公开透明”从来不是任何政府在处理核信息问题上的优先选项。美国核打击计划——统一作战行动计划（Single Integrated Operational Plan，简称 SIOP）的过度杀伤程度在至少 30 年时间内不为世人所知。美国军方与政府官员曾获悉苏联奥焦尔斯克核工厂发生事故，但选择帮助苏联政府掩盖真相，因为“这样就不会让民众因过度担惊受怕而拒绝将核能视作一种廉价能源来使用”①。曾经，苏联为了追求效率和降低成本，在科学家的建议下将石墨反应堆的安全控制系统取消了，如书中所说“褪去了安全壳”②。那么，全世界现存核反应堆是否有足够的“安全壳”？日本福岛核事故的发生说明，所谓“发达民主”国家的核“安全壳”同样不够坚实；后福岛时代民众对危害相关信息同样知之甚少。对于核应用的潜在危险以及核事故发生后的灾难真相，政府是否愿意与民众分享信息，已经成为有核时代以来人类最为重要的民权。

其三，浦洛基最终成就了一部杰出的作品，不仅因为他“细节出真知”的打磨功力，更因为他的问题意识并未停留在制度、政治或经济层面，而是延展到了作为“一部悲剧史”的切尔诺贝利。“悲剧”不单指伤害程度。“悲剧”强调的是，本来人们期待中的美好事物，最终却惨痛收场。浦洛基在写作时有意强化了这种“悲剧”场景。例如他会描写事故发生前每个人都在有序工作、筹划周末，岁月静好；然后是事故发生后的巨大反差——家园尽毁，大量青年人向着超强辐射的地带前行，

① 《切尔诺贝利：一部悲剧史》，第190页。

② 《切尔诺贝利：一部悲剧史》，第52页。

慨然赴死。同样，核能利用原本是为了应对世界激增的人口、经济衰退和生态危机，迄今仍被许多国家和政府认为可以带来一种理想的“生活方式”。然而，《切尔诺贝利》研究表明，核能利用以“悲剧”收场的可能性仍然存在，“发生下一场核灾难的风险仍在上升”[1]。浦洛基为核工业开出的药方是冲破民族主义，推行信息的全面公开，实行国际共管。但从今日世界现状看，上述建议均难实现。

从个人阅读体验来说，最令笔者心惊的是该书揭示的人类认知局限。人类使用诸如核能这样的高科技产品，却并未真正了解其特性并掌控它。切尔诺贝利事件发生后，包括石墨反应堆的设计者在内，科学家们都表现得茫然无措。事故发生两年半后，科学家和工程师仍无法肯定在受损的核反应堆内究竟有多少放射性燃料，也不清楚它们究竟处于何种状态。事实上，从切尔诺贝利到福岛，科学家们用于清除辐射和水系污染的诸种手段是否有效，仍有待时间检验。人类很多伟大的、最初令人惊喜的发明，如果没有理性审慎的思考、缺少道德束缚，恐怕很难避免悲剧收场。从这个意义上说，《切尔诺贝利》不仅仅是一场灾难的记忆，更是人类文明的一次自我反思。

① 《切尔诺贝利：一部悲剧史》，第384页。

拉开苏联解体序幕的一次大爆炸

钟飞腾

中国社会科学院亚太与全球战略研究院研究员

“切尔诺贝利”在乌克兰语中的意思是“黑色”，这一地名最早于1193年出现在现乌克兰首都基辅的编年史中。在苏联时期，出生于切尔诺贝利最有名的人是卡冈诺维奇，他曾担任苏共中央主席团委员、苏联部长会议第一副主席，是斯大林的左膀右臂。20世纪20年代末开始，苏联推行人类史上第一个工业化计划。在卡冈诺维奇领导下，苏联在普里皮亚季河边修建了一座火车站。30多年后，苏联政府选择在该地兴建切尔诺贝利核电站。核电站于1977年正式运行，这一年被载入苏联核工业发展史。9年后，核电站发生爆炸，被载入人类灾难史册中，迄今仍在深刻影响人类的发展。

沙希利·浦洛基的专著《切尔诺贝利：一部悲剧史》（下文简称《切尔诺贝利》）详细描述了切尔诺贝利核电站发生核爆炸的原因、经过及其影响。与描述切尔诺贝利核电站爆炸的其他论著相比，浦洛基的优势是其双重身份，既是国际知名的乌克兰裔美籍历史学家，也是核爆炸的同时代人，其家乡就在距离核反应堆不足500公里的下第聂伯河，核爆炸时作者还是一名在乌克兰任教的年轻大学教授。

《切尔诺贝利》不仅得到了媒体界的好评，也获得了来自学术界的不少反馈。例如，芬兰赫尔辛基大学的因娜·苏亨科（Inna Sukhenko）认为，该书的一个特色是将档案中的官僚语言与采访中生动的人类故事语言相结合，这是迄今为止最严肃、最雄心勃勃的尝试，揭示了一个仍在激烈争论甚至保密的事件。佛罗里达州立大学的迈克尔·劳娜（Michael Launer）认为，该书体现了浦洛基是从文化和历史角度来描述该事件的特色的，他极为关注核事故的长期社会经济和心理影响，例如对死亡人数的估算和善后工作的经济负担等。在她看来，尽管该书对核技术的描述存在一些错误，例如，严格来说，并不是核爆炸，而是蒸汽爆炸，但整体而言，它仍是一部非凡的著作，延续了浦洛基对乌克兰历史的研究，特别是对乌克兰在苏联内部所处的中心—边缘紧张关系的研究。需要注意的是，也有学者对该书进行了严厉的批评。例如，美国弗吉尼亚理工大学教授、美国能源部核能咨询委员会委员索尼娅·施密德（Sonja Schmid）认为，浦洛基并不熟悉关于这场灾难的广泛学术研究。

《切尔诺贝利》在结构安排上也有其特色。有近 60% 的篇幅集中于追踪和刻画 1986 年 4—11 月核爆炸发生的过程和处理经过。该书涉及的人物既有一线操作员，也有行业专家，更少不了莫斯科官员，不同的人物和行业在此事件中的立场也有很大的差异。该书不仅描述了乌克兰作为苏联加盟共和国迈向现代化时的能源需求，加盟共和国和莫斯科方面关于核能的技术路线分歧，也深入勾勒了苏联体制在协调经济发展和能源安全中的矛盾。更有特色的是，作者以两章的篇幅讨论了核爆炸之后苏联和美西方的宣传战，并认为这一国际压力最终迫使苏联放松对新闻的管制，催生了一批以生态主义为标志的反对党，这加速了苏联的瓦解。正如作者所指出的：切尔诺贝利事件不仅是一次技术灾难，重创了苏联核工业，还影响了苏联的整个体制，拉开了苏联终结的序幕。

该书最核心的部分是 1986 年 4—11 月切尔诺贝利核电站发生爆炸和苏联政府处理危机的过程。在这一过程中，我们其实很难得出在技术层面上苏联应对完全不力的结论，无论是消防队还是当地官员，实际上都在第一时间对爆炸做出了反应，乌克兰当局和苏联高层也都进行了深入的沟通。但问题在于，信息的沟通和发布出现了遮蔽的情形，导致了民众生命财产的巨大损失。而这种遮蔽既有技术层面的因素，也有政治体制方面的原因。从技术上看，信息的准确性首先建立在科学研判的基础上，核电不是一般的技术，就连苏联科学家也无法在第一时间确认核电站爆炸的真正原因，无法掌握爆炸后全面的损害情况。考虑到浦洛基的历史学背景，读者应当注意，该书对核电技术的分析和描述有可能是不完全准确的。从政治上看，在重大灾难面前，苏联政治领导人没有及时接受科学家更正后的意见和建议，也没有根据核辐射的新进展做出及时的疏散安排，一定程度上延误了对危机的处理。与此同时，在面对国际压力时，未能平衡国际需求和国内部门间的利益需求，也是导致各部门配合力度差，从而导致乌克兰与苏联中央之间矛盾激化的重要原因。

浦洛基在该书中展示的不仅是一名历史学家所擅长的对事故细节的精细化描述，更重要的是体现出了一位社会科学家的素养，即对造成核电站爆炸的表层原因和根本原因的鞭辟入里的分析。

表层原因，最直接的是有关核电技术的路线之争。切尔诺贝利核电站采用的是安全性没有得到充分验证的石墨反应堆，而不是此前运行较久的水－水高能反应堆。主要原因是从成本－收益角度考虑，一是石墨反应堆的电能输出量是水－水高能反应堆的两倍，二是石墨反应堆的建造和运行费用更低，三是石墨反应堆可在工地现场采用机械厂生产的预制构件组装搭建而成。

对于单方面重视经济效益而忽视安全风险，苏联科学界也曾出现过反对意见。例如，石墨反应堆的总设计师尼古拉·多列扎利就认为将核电站建在苏联的欧洲地区完全是错误的，主张应当建在地广人稀、接近铀矿的北部地区。而且，鉴于美国吸取了 1979 年三里岛核电站事故的教训，为提高安全性而大幅度增加建造费用，多列扎利也希望苏联能紧跟美国的这一潮流，提高核电站设备的质量以及核燃料和核废料在苏联地区的安全运输水平。不过，他的这一建议遭到了苏联科学院院长亚历山德罗夫的反对，亚历山德罗夫认为石墨堆是最安全、最经济的堆型。

亚历山德罗夫此举有另一个顾虑：切尔诺贝利核电站建设时，传统上由中型机械制造部负责的建设任务被划拨给能源与电气化部。能源与电气化部不属于军工，制造基础薄弱，也没有任何一位领导可以与中型机械制造部的部长斯拉夫斯基相抗衡，中型机械制造部负责苏联的核武器，其权势和地位十分突出，就连苏联副总理都未必能指挥得动。在得不到中型机械制造部支持的前提下，能源与电气化部无法制造出水－水高能反应堆所需要的合格设备，因而石墨堆反应就成了一种替代方案。截至 1982 年，苏联核电站生产的电能有一半以上来自石墨反应堆。

更深层次的一种因素是，苏联在核电站几英里远的地方建设了用于探测北约导弹的大型雷达系统，该系统十分耗电，因而需要能快速上马且产出大量电力的发电站。这一方面是为了应对美国挑起的军备竞赛，另一方面是为了加速经济改革，1985 年新上任的苏共中央总书记戈尔巴乔夫十分关注核电发展。在 1986 年 2 月召开的苏共二十七大上，戈尔巴乔夫“为未来十五年的苏联经济和社会发展设定了雄心勃勃的任务目标——在千禧年到来前，通过大幅提高劳动生产率使国内生产总值翻一番。他将上述目标的实现寄托于包括引进新技术在内的科技革命，以及关于化石燃料的能源结构调整，尤其是减少煤炭、石油和天然气的消耗，转向使用核能”[①]。戈尔巴乔夫在会上宣布苏联“将建成发电量比原定计划高出 250% 的核电站，火力发电站的落后设备将被大批更换”[②]。

新上任的苏联能源与电气化部部长马约列茨急于证明自己。面对 5

① 《切尔诺贝利：一部悲剧史》，第17页。
② 《切尔诺贝利：一部悲剧史》，第17页。

年内将核电站的发电量提高 2.5 倍的任务，马约列茨不得不想出新的办法，将原本需要 7 年才能完成建造的任务压缩至 5 年。在安全问题上，脱离科学知识，违背规律进行建设，有可能造成极其严重的后遗症。切尔诺贝利核电事故背后展示的是苏联工业结构的严重失衡，能源结构与经济改革步伐的严重失衡，以及科学知识供给和官僚习气的失衡。切尔诺贝利事故是导致乌克兰和苏联矛盾激增的重要原因。

随着乌克兰事态的进展，苏联官方最终承认核电技术路线出错是造成核电站爆炸的背后根源，但这一认识直到苏联临近解体时才对外公布。1991 年 11 月，库尔恰托夫原子能研究所新任所长韦利霍夫领导下的苏联原子能科学家委员会得出结论：切尔诺贝利的管理者和操作员不应为事故负责。该委员会接受了苏联工业和核电安全国家监督委员会下属调查委员会的一个结论，即采用石墨反应堆方案的缺陷注定了切尔诺贝利事故的严重结果，导致该灾难的原因是核反应堆的设计者所选择的设计理念未充分考虑安全因素。委员会做出这一结论时，当年分管能源事务的苏联副总理鲍里斯·谢尔比纳已因癌症于 1990 年 2 月去世。

事故责任归属的背后还体现出苏联和乌克兰的矛盾。将事故的原因归结于操作员和管理人员，则乌克兰地方需要为核事故负主要责任；如果将原因归结于设计人员，那么在莫斯科的苏联政府需要为此承担责任。尽管斯拉夫斯基、多列扎利以及亚历山德罗夫这几位核心人物，其实都是乌克兰人或者出生于乌克兰，但在论证责任方时，大家最关心的是责任人所在的机构是乌克兰的还是苏联的。从前文乌克兰和苏联对何时应该疏散基辅民众的时间来看，乌克兰总理利亚什科早在 4 月 26 日凌晨就悄悄安排了应对大规模撤离的准备，但即便如此，他也要等到苏联副总理谢尔比纳的指令后，才开始于4月 27 日下午2点正式组织撤离，而这距离最初的建议已经过去了 30 多个小时。

苏联和乌克兰在应对切尔诺贝利核电站事故中还体现了另一种微

妙的权责分配。浦洛基在书中写道，乌克兰总理利亚什科实际上是从莫斯科方面获悉事故的，因为乌克兰无法直接管控切尔诺贝利核电站，该核电站受到身在莫斯科的苏联官员管辖。但是，两个应急机构——消防系统和警察部门则归属于乌克兰，这两个部门都在第一时间向乌克兰内政部部长汇报了情况。随着救援和善后工作的推进，乌克兰地方产生了一种被迫来收拾莫斯科当局留下的烂摊子的怨气。

前文曾提及，乌共中央政治局曾在 1986 年 4 月 30 日开会讨论是否有必要继续五一游行活动。对莫斯科来说，基辅举办劳动节游行可以向世界昭示这里的一切都很正常，民众既安心又安全，便能反击西方的舆论战。在戈尔巴乔夫施加压力后，乌克兰总理利亚什科被迫在没有穿戴防护装备的情况下，参加了 5 月 1 日的劳动节游行活动，而大量的游行者对核辐射达到峰值的情况是一无所知的。戈尔巴乔夫在事故发生 20 年后承认，继续进行游行是个错误。在美西方的宣传下，民众事后对此次游行进行了严厉的批评，而乌克兰领导人也不再那么支持戈尔巴乔夫，这削弱了苏联政府的威望，动摇了苏联的统治。

浦洛基在书中的后两章花费了颇多的笔墨描述了乌克兰反对党是如何借助生态主义兴起的。1988 年夏季，戈尔巴乔夫决定举行首次半自由选举，乌克兰作家奥利尼克打破了不能公开讨论中央政府该为切尔诺贝利灾难承担责任的禁忌。1989 年 5 月，在莫斯科举行的第一次人民代表大会上，参会的 2250 名代表中，约 40 人代表各类生态组织，至少 300 人的计划书中包含了生态议题。1990 年夏季乌克兰选举期间，四分之三的传单都涉及切尔诺贝利和生态环境问题，对乌克兰选民来说，上述议题要比经济问题和社会公正问题更重要。当时最流行的选举口号是“在切尔诺贝利核电站，苏联永垂不朽吧！”

不过，需要注意的是，浦洛基在书中也指出，到了 90 年代中期，生态问题被抛到了一边，而经济问题重新被乌克兰当局放到了首要位置。在经济压力下，乌克兰当局并不希望简单关停提供了全国 6% 电能的核电站。从趋势看，按照英国石油公司 BP 提供的数据，全世界的核能消费已从 1986 年的 16.3 艾焦耳增长至 2022 年的 24.1 艾焦耳，其中经合组织成员国为 16.1 艾焦耳（与 1988 年基本相当，过去 30 多年经历了上升之后下降的过程），占全世界消费量的 66.8%。因此，浦洛基提出的生态问题到底是否是导致乌克兰脱离苏联的主要因素，还有进一步讨论的空间。从社会科学角度看，当时的生态问题是一个干预变量，起到了辅助性的作用，背后应该有更深层次的动因。

书中还有几处也值得思考，如尽管白俄罗斯是遭受切尔诺贝利核电站事故冲击最严重的国家，占总国土面积 23% 的土地被严重污染，生活在这片土地上的人口占总人口的 19%，但白俄罗斯的反核运动从未像在乌克兰那样声势浩大。浦洛基还提及一个事实，乌克兰受到了西方援助的最大关注。不过，浦洛基的解释可能并不完全对，他认为这是因为切尔诺贝利核电站受损的四号反应堆就在乌克兰。站在今天的角度看，乌克兰对苏联的不满，以及西方对乌克兰的关注，事实上并不起源于切尔诺贝利核电站，而是一种地缘政治的博弈。这一点，浦洛基在本书中并未做出深层次的描述和分析，不过，浦洛基在其他书中做了分析，例如在其 2023 年出版的新书《俄乌战争：历史的回归》（*The Russo-Ukrainian War: The Return of History*）中，将乌克兰危机称为“一场帝国解体的战争”。作为一名土生土长的乌克兰人，并在上个世纪 90 年代初就移民美国的大学教授，浦洛基毫无疑问持有亲乌克兰、反俄罗斯的立场。对此，读者需要加以注意。